THÈSE D'ASTRONOMIE

PRÉSENTÉE

A LA FACULTÉ DES SCIENCES DE PARIS,

PAR E.-AUG. TARNIER,
Ancien Répétiteur de Mathématiques spéciales au Collége royal de Louis-le-Grand,
Licencié ès Sciences mathématiques.

PARIS,
IMPRIMERIE DE BACHELIER,
Rue du Jardinet, 12.

1845

ACADÉMIE DE PARIS.

FACULTÉ DES SCIENCES.

MM.	DUMAS, doyen,	Professeurs.
	BIOT,	
	FRANCOEUR,	
	MIRBEL,	
	PONCELET,	
	POUILLET,	
	LIBRI,	
	STURM,	
	DELAFOSSE,	
	LEFÉBURE DE FOURCY,	
	DE BLAINVILLE,	
	CONSTANT PREVOST,	
	AUGUSTE SAINT-HILAIRE,	
	DESPRETZ,	
	BALARD,	
	MILNE EDWARDS.	
	DUHAMEL,	agrégés.
	VIEILLE,	
	MASSON,	
	PELIGOT,	
	DE JUSSIEU,	
	BERTRAND,	

INTRODUCTION.(*)

Le système de la gravitation, né en Angleterre, fut vivement combattu. Newton éprouva le même sort que Copernic, Képler et Galilée : il ne fut pas d'abord compris. Tel est le sort des grands hommes; les découvertes qu'ils livrent au monde ne prennent racine qu'avec le temps; il en est de cette vérité comme de cette autre bien connue : l'esprit humain ne s'avance point par des pas réguliers, par des idées graduées, d'abord simples, ensuite plus composées. De nombreux exemples viendraient à l'appui de cette assertion.

Les plus grands savants semblaient craindre d'embrasser une idée aussi vaste que celle de l'attraction universelle. Mais, si un seul homme, et ce fut Newton, put, par un trait de génie, mettre en parfaite évidence la portée des travaux, et surtout des fameuses lois de Képler, par les heureuses applications qu'il en fit aux mouvements planétaires, il en fut autrement à l'égard de l'auteur même du livre des *Principes de la Philosophie naturelle*, puisqu'un demi-siècle, ainsi que le concours des plus

(*) Ce préambule doit être considéré par le lecteur comme indépendant de la Thèse; il a été imprimé après l'examen.

habiles géomètres, furent nécessaires pour constater qu'il avait révélé aux hommes un mystère sublime. L'extension d'une simple propriété observée à la surface de la Terre et étudiée par Galilée, celle de la *pesanteur*, avait été dans la bouche de Newton la proclamation des lois du système du monde.

Dès son apparition, qui eut lieu en 1687, le livre des *Principes*, qui renferme deux parties principales, l'une relative à l'optique, et l'autre aux forces centrales et à la résistance des milieux, souleva une de ces attaques qui sont souvent le prélude d'un grand événement scientifique. Huygens n'adopta l'attraction qu'entre les corps célestes, et la rejeta comme cause de la pesanteur terrestre. Leibnitz chercha à verser le ridicule sur cette immense découverte; il méconnut Newton, comme Descartes avait méconnu Galilée.

Jean Bernoulli osa combattre l'ensemble du système, et les plus grands efforts furent tentés pour faire prévaloir les tourbillons cartésiens, si justement proscrits par la philosophie newtonienne. Les disciples de Descartes avouaient que le système de l'attraction répond exactement à tous les phénomènes. Comment est-il aussi heureux, s'il est faux? leur disait-on. Tout en convenant du paradoxe, ils en cherchaient une explication.

Rappelons-nous ce qui est arrivé à Képler. Lorsque, en homme d'esprit et en grand philosophe, il pensa que tout s'enchaîne dans la nature, et qu'en conséquence les distances *inconnues* des planètes au Soleil pouvaient bien être liées par quelque rapport avec les temps *connus* de leurs révolutions périodiques, ce qui l'amena à découvrir cette loi fondamentale du ciel, que *les distances sont entre elles comme les racines cubiques des carrés des temps*, on n'accueillit cette règle, qui pourtant a immortalisé son nom, qu'avec une froide incrédulité, parce que ce rapport n'était qu'un simple fait résultant de calculs qui, à raison de leur énorme complication, pouvaient légitimement être suspectés; mais, lorsque toutes les observations ultérieures des astronomes se furent accordées à en confirmer l'exactitude, on fut obligé de se rendre à l'évidence et d'accorder à la loi de Képler la place que, depuis, elle occupe dans le code céleste.

Les mêmes choses ne se sont-elles pas passées à peu près de la même manière à l'égard de Newton? N'est-ce pas lorsque son ouvrage fut suffisamment travaillé, commenté, et compris de manière à en voir découler la confirmation des principes de Copernic, de Képler, de Galilée et de Huygens, ainsi que l'explication des principaux phénomènes du monde, n'est-ce pas alors seulement que les suffrages, qu'il avait gagnés lentement, éclatèrent de toutes parts pour ne plus former qu'un cri d'admiration? Les grandes vérités, ainsi que nous l'avons dit en commençant, ne s'établissent que lentement; telle est la marche des connaissances humaines. Une fois qu'on eut saisi l'originalité qui brille dans le livre des *Principes*, dont la place dans les hautes mathématiques sera toujours au premier rang, une fois qu'on eut compris la profonde géométrie, ainsi que la *méthode des fluxions*, qui y dominent, il fallut adopter le principe de la puissance attractive, commune à toutes les parties de la matière, *en raison directe des masses*, et *en raison inverse du carré des distances*, comme étant la loi fondamentale qui dans la nature maintient l'ordre, la perpétuité et l'harmonie. Ajoutons que la consécration de ce principe eut lieu en dépit des cartésiens, qui virent leur échapper un système astronomique dont la base, à vrai dire, reposait plus sur une imagination complaisante que sur les principes rigoureux de la géométrie.

Toutefois, il est juste d'ajouter que l'application géométrique du système newtonien aux grands problèmes du monde offrait des difficultés qui, pour être surmontées, n'attendaient pas moins que les efforts des plus puissants génies. Parmi ces problèmes, citons les suivants : la *mesure de la Terre*, qui souleva une dispute qui dura quarante ans, sur ce point de savoir si elle était *oblongue* ou *aplatie* (Jean-Dominique Cassini soutenait la première hypothèse, Newton et Huygens soutenaient la seconde); le *phénomène des marées*, problème qu'un philosophe de l'antiquité, dans son désespoir, avait appelé le *tombeau de la curiosité humaine*; la *libration de la Lune*, de cet astre bizarre, dont les inégalités nombreuses ont été pendant si longtemps le tourment des astronomes, au point que Halley écrivait en tête du livre des *Principes*, que la Lune, jusque-là, ne s'était point laissé assujettir au frein des calculs, et n'avait été domptée par aucun astronome, mais qu'elle l'était enfin dans le nouveau système; la *précession des équinoxes*, qui est l'une des plus intéressantes questions du système du monde, sur laquelle Newton était loin d'avoir entièrement satisfait la curiosité et tranquillisé la philosophie, dont le caractère est le doute.

C'est pour résoudre ce beau et difficile problème que d'Alembert fit preuve d'une vigueur d'esprit qui le plaça au premier rang des géomètres; c'est, en effet, à cette occasion, que l'illustre philosophe créa des théorèmes nouveaux de dynamique, et compléta les équations générales de l'équilibre d'un corps solide, dont trois seulement étaient alors connues.

En agrandissant le domaine de la Mécanique et du Calcul intégral, les trois émules de Newton qui parurent presque à la fois en Europe, Clairaut et d'Alembert en France, Euler à Berlin, entreprirent de refaire l'ouvrage du géomètre anglais, en ne lui empruntant que sa loi générale, pour tout faire dériver de ce principe unique, en détailler les effets et en suivre les conséquences. Newton avait remonté des effets aux causes pour découvrir l'attraction; ceux-ci, au contraire, descendirent des causes aux effets. De leurs immenses travaux résulte une confirmation complète du système newtonien.

Il y eut cependant un moment où Clairaut, à l'occasion de ses recherches sur le *problème des trois corps,* problème qui embrasse tout le système du monde, fut entraîné par une erreur dans le parti extrême de vouloir changer la loi de l'attraction; il eut, dans cette circonstance, d'Alembert et Euler pour complices. Mais personne n'ignore qu'une quantité négligée dans leurs calculs fut la cause de ce brusque changement, et que ces trois géomètres, en faisant connaître la source de leur erreur commune, eurent la satisfaction de rétablir le principe de Newton dans toute son intégrité, en le réconciliant avec la nature.

En résumé, Newton, qui, au dire de plusieurs historiens, avait fait à vingt-quatre ans ses grandes découvertes en géométrie, et posé les fondements de la Mécanique céleste, mais qui eut le double tort de se faire le juge de Leibnitz dans le procès scientifique relatif à l'invention du calcul infinitésimal, et de passer sous silence les éloges qu'il devait plus que personne à Kepler, à Huygens, et surtout à Galilée, le fondateur de la philosophie expérimentale, devant laquelle tomba le péripatétisme, et dont les ouvrages, par suite de l'influence des dédains de Descartes, attendent encore, en France, un traducteur, bien que les *Dialogues* renferment le germe de toute la mécanique du mouvement; Newton, disons-nous, avait ouvert à la science une voie nouvelle, et, malgré la sublimité de ses découvertes, il avait laissé à ses successeurs la tâche difficile de rectifier quelques-unes de ses explications, et de donner celles de plusieurs phénomènes dont il n'avait pu rendre compte, parce que, à aucune époque, toutes les lumières ne seront renfermées dans une seule tête, parce qu'il y aura toujours une riche moisson à recueillir.

Ce que nous avançons ici est d'autant plus incontestable, qu'on peut dire, sans redouter la controverse, que, d'une part, les nouvelles méthodes de calcul, dont on a enrichi l'analyse, et, de l'autre, des méthodes d'observation et des instruments extrêmement perfectionnés, ont fourni, pour le développement du principe de la gravitation universelle et le progrès des sciences physiques en général, des secours proportionnés à la grandeur de l'entreprise.

Après Clairaut, d'Alembert et Euler, d'autres géomètres de génie, tels que Lagrange et Laplace, des géomètres de renom, tels que Legendre et Poisson, des astronomes justement célèbres, parmi lesquels on peut citer Herschel, Lalande, Delambre et Olbers, ont concouru, par leurs efforts plus ou moins heureux, à faciliter les moyens de soumettre l'univers à l'empire de l'attraction, œuvre gigantesque à laquelle travaillent sans relâche les géomètres et les astronomes de notre époque, qui, un jour, prendront place dans les annales de l'histoire du XIXe siècle.

THÈSE D'ASTRONOMIE.

Solution, par les séries, du problème de Képler, *et détermination des coordonnées d'une planète, en supposant très-petites son excentricité et l'inclinaison du plan de son orbite.*

Expression de l'anomalie excentrique, du rayon vecteur et de l'équation du centre, au moyen de séries ordonnées suivant les sinus ou les cosinus linéaires des multiples croissants de l'anomalie moyenne.

Terme général des coefficients de ces séries exprimé en fonction d'une indéterminée m *et de l'excentricité* e.

Le Soleil est supposé fixe, et la trajectoire une ellipse rigoureuse.

AVERTISSEMENT. — Quoique la plupart des Traités de Mécanique rationnelle renferment la théorie du mouvement elliptique des planètes autour du Soleil, nous l'exposerons brièvement, parce qu'elle sert de base aux recherches qui font l'objet des deux présentes Thèses d'astronomie et de mécanique.

A. *Équations du mouvement d'une planète dans le plan de son orbite, déduites des deux premières lois de Képler.*

1. Les trois lois astronomiques auxquelles les planètes sont soumises dans leurs circulations autour du Soleil, lois que Képler a trouvées par les observations de Tycho-Brahé et par les siennes propres, sont les suivantes :

1°. Les aires que décrivent autour du centre du Soleil les rayons vecteurs des centres de gravité des planètes, sont proportionnelles aux temps pendant lesquels elles sont décrites.

2°. Les trajectoires des planètes sont des ellipses dont le centre du Soleil occupe un des foyers.

3°. Les carrés des temps des révolutions totales des planètes sont entre eux comme les cubes des grands axes de leurs orbites.

La première de ces lois conduit à l'équation

$$(1) \qquad r^2 d\theta = C dt;$$

r et θ sont les coordonnées polaires d'un point quelconque de la planète. Le rayon vecteur r aboutit du centre du Soleil à celui de la planète; l'angle θ a son origine à l'*apside* inférieure ou *périhélie*, c'est-à-dire au point de l'orbite le plus voisin du Soleil. Cet angle θ s'appelle l'*anomalie vraie*. La constante C représente le double de l'aire décrite par le rayon vecteur dans l'unité de temps; t désigne un temps quelconque.

La seconde loi de Képler donne l'équation suivante pour celle de l'orbite de la planète que l'on considère :

$$(2) \qquad r = \frac{a(1-e^2)}{1+e\cos\theta};$$

a désigne le demi-grand axe de l'ellipse, et e son excentricité, c'est-à-dire le rapport de la distance des deux foyers au grand axe.

Il ne faut pas oublier que les lois de Képler se rapportent au centre de gravité de la planète. Ainsi, lorsque nous dirons pour abréger : Le rayon vecteur de la planète, la position ou la vitesse de la planète, il faudra entendre : le rayon vecteur, la position ou la vitesse du centre de gravité de la planète.

En désignant par T le temps de la révolution d'une planète, on pourra poser

$$n = \frac{2\pi}{T}.$$

La constante n sera ce que l'on nomme la *vitesse moyenne angu-*

laire de la planète, et nt son *moyen mouvement* ou *anomalie moyenne*.

Concevons avec les astronomes qu'un astre *fictif* parte du périhélie et achève sa révolution d'un mouvement uniforme, en même temps que la planète décrit sa trajectoire; le rayon vecteur de l'astre décrira l'angle nt pendant que celui de la planète décrira l'angle θ. L'angle $\theta - nt$ compris à une époque quelconque du mouvement, entre les deux rayons vecteurs, a reçu le nom d'*équation du centre*. Cet angle est positif, et par suite, la planète précède l'astre fictif en allant du périhélie à l'*aphélie*, c'est-à-dire au point le plus éloigné du Soleil. Le contraire a lieu, en revenant de l'aphélie au périhélie. Le maximum de l'équation du centre dépend de la grandeur de l'excentricité.

La constante C qui entre dans l'équation (1) a pour valeur le double de la surface de l'ellipse divisé par T. En observant que son demi-petit axe est $a\sqrt{1-e^2}$, et sa surface $\pi a^2\sqrt{1-e^2}$, on aura

$$C = \frac{2\pi a^2\sqrt{1-e^2}}{T}.$$

Au moyen de cette valeur et de celle de n, l'équation (1) devient

$$r^2 d\theta = na^2\sqrt{1-e^2}\,dt.$$

Substituant dans cette équation la valeur de $d\theta$ déduite de (2), savoir :

$$d\theta = \frac{a\sqrt{1-e^2}\,dr}{r\sqrt{a^2e^2-(r-a)^2}},$$

on aura

$$na\,dt = \frac{rdr}{\sqrt{a^2e^2-(r-a)^2}}.$$

Pour intégrer cette équation, posons

$$(3) \qquad r = a(1 - e\cos u);$$

nous aurons

$$dr = ae\sin u\,du, \qquad ndt = (1 - e\cos u)\,du.$$

Si l'on convient de compter le temps à partir de l'instant du passage de la planète à son périhélie, point pour lequel l'équation (2) donne $r = a(1 - e)$, il faudra que l'angle u soit nul au même point où l'on a aussi $t = 0$. En intégrant, on aura donc

$$(4) \qquad nt = u - e \sin u.$$

En mettant pour r sa valeur dans celle de $d\theta$, et observant que $\cos u = \cos^2 \frac{1}{2} u - \sin^2 \frac{1}{2} u$, il vient

$$d\theta = \frac{\sqrt{1 - e^2}\, du}{1 - e \cos^2 \frac{1}{2} u + e \sin^2 \frac{1}{2} u};$$

d'où l'on déduit, en observant que θ et u sont nuls en même temps au périhélie,

$$(5) \qquad \operatorname{tang} \tfrac{1}{2} \theta = \sqrt{\frac{1 + e}{1 - e}} \operatorname{tang} \tfrac{1}{2} u.$$

Les équations du mouvement elliptique d'une planete dans le plan de son orbite sont donc

$$(a) \quad \left\{ \begin{array}{lr} r = a(1 - e \cos u), & (3) \\ nt = u - e \sin u, & (4) \\ \operatorname{tang} \frac{1}{2} \theta = \sqrt{\frac{1 + e}{1 - e}} \operatorname{tang} \frac{1}{2} u. & (5) \end{array} \right.$$

Képler a trouvé les deux premières; la troisième est attribuée à l'astronome français Lacaille. Ces trois équations expriment sous forme finie les valeurs de r, θ et nt, au moyen de la variable auxiliaire u qu'on appelle *l'anomalie excentrique*. Cet angle est celui que forme avec le grand axe de l'ellipse le rayon de cette courbe mené au point où l'ordonnée de la planète rencontre la demi-circonférence décrite sur le grand axe de l'orbite comme diamètre. On voit donc que si l'on connaissait l'angle u, les équations (3), (5) de (a) donneraient r et θ; par suite, la position de la planète dans le plan de sa trajectoire elliptique serait complétement déterminée. L'équation (4) ferait connaître l'époque correspondante à cette position. On aurait aussi $\theta - nt$, puisque les valeurs de θ et de nt seraient connues. Or, les astronomes observateurs connaissent rarement l'angle θ, toujours nt, et jamais l'angle u. Il faut donc tirer des équations (a) les valeurs de r et θ en fonction de nt. Pour y parvenir, il faudrait résoudre l'équation (4) par rapport à u, c'est-à-dire exprimer l'anomalie excentrique en fonction de l'anomalie moyenne sous forme finie. C'est ce problème qui porte le nom de *problème de Képler,* parce qu'il est le premier qui l'ait proposé aux géomètres et qui en ait cherché une solution. Il n'a encore été résolu que par des voies indirectes. Du reste, Képler, en le proposant, l'avait jugé insoluble, à cause de l'hétérogénéité des lignes qui entrent dans l'équation, savoir : les arcs nt et u, et la ligne droite $e \sin u$.

Plusieurs astronomes, tels que Lacaille, Simpson, Cassini, Cagnoli, ont donné des méthodes pour le résoudre par tâtonnement. On l'a résolu aussi par le secours des séries ; mais la loi des termes n'en était pas connue. Tel était l'état de la question, lorsque Lagrange, au moyen d'une formule qu'il venait de découvrir, et de l'emploi des valeurs des sinus et cosinus en exponentielles imaginaires, parvint (*Mémoires de Berlin,* 1758) à exprimer par des séries régulières l'anomalie excentrique, ainsi que les coordonnées d'une planète. Les séries qui servent à exprimer u, r et $\theta - nt$ sont ordonnées suivant les puissances ascendantes, entières et positives de l'excentricité.

Laplace, dans un Mémoire sur la convergence des séries, et plus tard M. Cauchy en ont démontré la convergence, lorsque l'excentricité ne surpasse pas 0,662742, ce qui est le cas des planètes connues. Signalons, en passant, que notre monde planétaire offre ceci de très-favorable pour la convergence des séries et la simplification des calculs : 1° que les orbites des planètes (si l'on excepte celle de Mercure) ne s'éloignent pas beaucoup de la figure circulaire ; 2° qu'elles sont peu inclinées sur le plan de l'écliptique, ce qui facilite les moyens de rapporter les mouvements à ce plan, ainsi que cela se fait en astronomie pratique.

Nous ne ferons usage de la formule de Lagrange que pour démontrer la forme et l'existence des séries ordonnées suivant les sinus ou les cosinus des multiples croissants de l'anomalie moyenne, et servant à calculer avec tel degré d'approximation qu'on voudra les valeurs des quantités u, r, $\theta - nt$. Nous déterminerons ensuite directement les coefficients de ces séries au moyen d'une expression analytique, fonction de l'indéterminée m et de l'excentricité (e), de sorte que cette expression donnera immédiatement la valeur du 1er, du 2e, du 3e,..., du $m^{ième}$ coefficient de la série, en y faisant $m = 1$, $m = 2$, $m = 3$,..., $m = m$.

B. *Détermination de la grandeur et de la direction de la vitesse d'une planète à une époque quelconque.*

11. V désignant la vitesse de la planète au bout du temps t, et δ l'angle que fait sa direction avec le prolongement du rayon vecteur r, on aura

$$V^2 = \frac{dr^2 + r^2 d\theta^2}{dt^2}, \qquad V \sin\delta = r\frac{d\theta}{dt}.$$

Éliminant dt dans ces deux équations au moyen de l'équation (1), il vient

$$V^2 = c^2\left[\left(\frac{d.\frac{1}{r}}{d\theta}\right)^2 + \frac{1}{r^2}\right], \qquad V\sin\delta = \frac{c}{r};$$

l'équation (2) donne

$$\frac{1}{r} = \frac{1 + e\cos\theta}{a(1 - e^2)}, \qquad \frac{d.\frac{1}{r}}{d\theta} = \frac{-e\sin\theta}{a(1 - e^2)}.$$

Substituant ces valeurs dans celle de V², il vient

$$V^2 = \frac{c^2}{a^2(1 - e^2)}\left(\frac{2a}{r} - 1\right),$$

et par suite

$$\sin\delta = \frac{a\sqrt{1 - e^2}}{r\sqrt{\frac{2a}{r} - 1}}.$$

D'après la valeur de c trouvée précédemment, celle de V² peut être mise sous la forme

$$V^2 = \frac{4\pi^2 a^3}{T}\left(\frac{2a}{r} - 1\right).$$

Les séries, que nous donnerons plus loin, feront connaître les valeurs de r et θ à une époque quelconque, et les deux dernières formules que nous venons de trouver déterminant la vitesse et la direction de la planète en fonction de r, il s'ensuit que son mouvement dans le plan de son orbite est complétement connu. Mais quand on veut considérer à la fois les mouvements de deux ou plusieurs planètes, il est nécessaire de rapporter la position de chacune d'elles à un autre plan, qui est ordinairement le plan de *l'écliptique* ou de l'orbite de la Terre.

Soient NON' l'intersection du plan de l'orbite d'une planète avec un plan passant par le centre O du Soleil; OE une droite menée dans ce second plan, OM' la projection du rayon vecteur OM de la planète sur ce même plan. Désignons par γ l'inclinaison de ces deux plans, par α l'angle NOE, par ω l'angle BON que fait le rayon vecteur OB aboutissant au périhélie avec la droite ON. Ces trois angles α, γ, ω devront être donnés, et ils détermineront le plan de l'orbite et la position de l'ellipse dans ce plan. Soient aussi φ et ψ les angles variables MOM' et M'OE que fait le rayon vecteur OM avec sa projection OM' et cette projection avec la droite OE, lesquels angles détermineront à chaque instant la direction du rayon OM aboutissant à la planète.

Cela posé, considérons l'angle trièdre, qui a son sommet au point O, et dont les trois arêtes sont OM, OM', ON. L'anomalie vraie ou l'angle MOB étant toujours désigné par θ, les trois faces de cet angle trièdre seront :

$$\begin{aligned} \text{MON} &= \text{MOB} + \text{BON} = \theta + \omega, \\ \text{M'ON} &= \text{M'OE} - \text{NOE} = \psi - \alpha, \\ \text{MOM'} &= \varphi. \end{aligned}$$

La première face sera opposée à un angle droit, et la troisième à l'angle γ. Cela posé, on aura, d'après les premières règles de la trigonométrie sphérique,

$$\sin\varphi = \sin\gamma \sin(\theta + \omega),$$
$$\tan g(\psi - \alpha) = \cos\gamma \tan g(\theta + \omega);$$

et l'angle θ étant connu en fonction de t d'après ce qui précède, chacun des angles φ et ψ le sera aussi au moyen des formules que nous venons de donner.

Lorsque le plan donné sur lequel on compte l'angle ψ est l'écliptique, et que la droite OE, à partir de laquelle on compte cet angle dans le sens du mouvement de la Terre, est celle qui va du centre du Soleil à l'équinoxe du printemps, les angles ψ et φ s'appellent la *longitude* et la *latitude* de la planète que l'on considère. La droite NON' est la ligne des *nœuds* de son orbite; si elle entre dans l'hémisphère *boréal* quand elle traverse le plan de l'écliptique au point N, ce point est le nœud ascendant, et N' le nœud *descendant*. Selon que la planète se trouve dans cet hémisphère ou dans l'hémisphère austral, la latitude φ est positive ou négative, et l'angle MON ou $\theta + \omega$ est plus grand ou moindre que 180 degrés. L'angle φ s'étend depuis $-$ 90 degrés jusqu'à 90 degrés; et l'angle MON, ainsi que la longitude M'OE, depuis zéro jusqu'à 360 degrés.

Si l'on remplace le point (O) par le centre de la Terre, et que l'on prenne l'*équateur* pour le plan donné sur lequel on compte l'angle ψ, et pour origine de cet angle la droite OE qui va de ce centre au premier point du signe *Ariès*, les angles ψ et φ seront ce que l'on nomme l'*ascension droite* et la *déclinaison* de la planète. En appliquant les formules précédentes au mouvement apparent du Soleil autour de la Terre, on aura $\alpha = 0$. γ exprimera l'*obliquité* de l'écliptique, et l'on devra prendre pour $\theta + \omega$ la longitude de cet astre; d'où il résulte qu'en la désignant par λ, on aura

$$\sin\varphi = \sin\gamma \sin\lambda, \qquad \tan g\psi = \cos\gamma \tan g\lambda,$$

et en même temps

$$\sin\varphi = \frac{\sin\gamma \tang\psi}{\sqrt{\cos^2\gamma + \tang^2\psi}}.$$

Les plus grandes déclinaisons boréale et australe répondent à $\lambda = 90^\circ$ et $\lambda = 270^\circ$, et sont $\pm\gamma$. Cet angle γ est aussi celui que fait l'axe de rotation de la terre avec la perpendiculaire au plan de l'écliptique; il est soumis à une petite inégalité qu'on appelle la *nutation*, dont la période est d'environ 18 ans, et le maximum de $9'',4$ seulement. Sa valeur moyenne, au commencement de 1800, était $\gamma = 23^\circ 27' 55''$; elle diminue de $0'',45692$ par année.

Dans tout ce qui précède, on n'a point eu égard à la force qui agit sur chaque planète dont le mouvement a été déterminé d'après les données de l'observation, et sans recourir aux principes de la dynamique; il s'agit actuellement de déterminer les lois de cette force, c'est-à-dire sa direction et les variations de son intensité, soit d'une position à une autre d'une même planète, soit d'une planète à une autre. C'est ce grand problème qui a été résolu par Newton.

C. Détermination des lois de la force qui agit sur chaque planète.

III. Il suit de la première loi de Képler que la force qui retient chaque planète dans son orbite est constamment dirigée vers le centre du Soleil. En effet, en décomposant cette force parallèlement aux axes rectangulaires OX, OY, et en désignant par X et Y ses composantes suivant ces axes, on aura

(1) $$\frac{d^2x}{dt^2} = X,$$

(2) $$\frac{d^2y}{dt^2} = Y;$$

multipliant (1) par y, (2) par x et retranchant, il vient

(3) $$\frac{xd^2y - yd^2x}{dt^2} = Yy - Xx.$$

L'équation des aires $r^2 d\theta = C dt$ étant transformée en coordonnées orthogonales au moyen des relations connues $x = r\cos\theta$, $y = r\sin\theta$, devient

$$x dy - y dx = C dt;$$

d'où, en différentiant,

$$x d^2y - y d^2x = 0.$$

Par suite, l'équation (3) devient

$$Yx - Xy = 0;$$

d'où

$$\frac{X}{Y} = \frac{x}{y}.$$

Les composantes X et Y étant proportionnelles aux coordonnées du point de la trajectoire occupé par la planète, il s'ensuit que leur résultante est constamment dirigée vers le centre du Soleil. Cela posé, soit R la force accélératrice inconnue en grandeur qui agit sur la planète. Cette force est dirigée, comme on vient de le voir, suivant le rayon vecteur, et elle agit de M vers O par la raison que la trajectoire tourne sa concavité vers le centre du Soleil. Les cosinus des angles que fait la direction de la force avec les prolongements de x et de y sont donc $-\frac{x}{r}$, $-\frac{y}{r}$. Par conséquent, les équations du mouvement seront

$$(4) \qquad \left\{ \frac{d^2x}{dt^2} = -R\frac{x}{r}, \qquad \frac{d^2y}{dt^2} = -R\frac{y}{r}. \right.$$

En appelant toujours V la vitesse au point M, nous aurons

$$V^2 = \frac{dx^2}{dt^2} + \frac{dy^2}{dt^2};$$

d'où, en différentiant,

$$\frac{1}{2} d.V^2 = \frac{d^2x}{dt^2} dx + \frac{d^2y}{dt^2} dy.$$

Par conséquent, si l'on ajoute les équations (4) après les avoir multipliées par dx et dy, et si l'on observe que $xdx + ydy = rdr$, à cause de $x^2 + y^2 = r^2$, il en résultera

$$\tfrac{1}{2} d.V^2 = -R dr.$$

Mais dans le mouvement elliptique on a

$$V^2 = \frac{2\mu}{r} - \frac{\mu}{a},$$

en posant

$$\mu = \frac{4\pi^2 a^3}{T^2}.$$

Par suite, on obtient

$$R = \frac{\mu}{r^2}.$$

Ce résultat montre que : « la force qui agit sur chaque planète suit » la raison inverse du carré de la distance au Soleil. »

La grandeur de cette force étant μ à l'unité de distance, soit μ' ce qu'elle devient pour une autre planète dont le demi-grand axe et le temps de la révolution sont représentés par a' et T', on aura de même

$$\mu' = \frac{4\pi^2 a'^3}{T'^2};$$

or, d'après la troisième loi de Képler, on a

$$T^2 : T'^2 :: a^3 : a'^3;$$

d'où il résulte

$$\frac{a^3}{T^2} = \frac{a'^3}{T'^2},$$

et, par suite,

$$\mu = \mu',$$

Conséquemment, à l'unité de distance et généralement à la même distance du Soleil, la force R est la même pour deux planètes différentes.

La force motrice de chaque planète est donc indépendante de sa nature particulière, et proportionnelle à sa masse, comme les poids à la surface de la terre. Elle varie d'une planète à une autre suivant la même loi que d'une position à une autre de la même planète, et si deux planètes situées à la même distance du Soleil étaient abandonnées à elles-mêmes sans vitesse initiale, elles tomberaient d'un même mouvement vers cet astre, et l'atteindraient dans le même intervalle de temps.

En considérant que les satellites se meuvent autour de leurs planètes respectives, à peu près comme si ces planètes étaient autant de points immobiles, Newton reconnut que tous les corps du système obéissent à la même loi de pesanteur vers le Soleil; et il conclut du principe de l'action égale et contraire à la réaction, que le Soleil pèse à son tour vers la planète, comme celle-ci pèse vers cet astre, et que de même la Terre est attirée par tous les corps qui pèsent à sa surface. Il étendit ensuite cette propriété à toutes les parties de la matière, et il établit en principe général: que chaque molécule de la matière attire toutes les autres en raison de sa masse, et réciproquement au carré de sa distance à la molécule attirée.

L'expression mathématique de cette loi de l'attraction entre deux molécules matérielles quelconques μ et μ', situées à une distance l'une de l'autre représentée par u est, comme on sait, $\frac{f\mu\mu'}{u^2}$, f étant un coefficient constant. Il importe de remarquer que l'action est mutuelle, et que l'action est égale et contraire à la réaction.

La théorie que nous venons d'exposer, et qui est sortie des calculs de Newton comme une déduction mathématique des lois observées dans les mouvements des corps célestes, peut se résumer ainsi qu'il suit:

1°. La pesanteur des planètes vers le Soleil est démontrée par la loi des aires proportionnelles au temps;

2°. La variation de la pesanteur en raison inverse du carré des distances est établie par l'ellipticité des orbes planétaires;

3°. La loi des carrés des temps des révolutions proportionnels aux cubes des grands axes montre que la pesanteur qui émane du Soleil agit également sur les planètes équidistantes du Soleil;

4°. Il suit du principe de l'action égale et contraire à la réaction, que le Soleil pèse vers les planètes proportionnellement à leurs masses divisées par les carrés de leur distance à cet astre; que les satellites pèsent à la fois sur le Soleil et sur les planètes qui pèsent réciproquement sur eux, de façon qu'il existe entre tous les corps du système solaire une attraction mutuelle proportionnelle aux masses et réciproque aux carrés des distances;

5°. La figure de la Terre et les phénomènes de la pesanteur à sa surface nous montrent que cette attraction n'appartient pas à ces corps en masse, mais qu'elle est propre à chacune de leurs molécules.

De cette théorie, déduite des lois de Képler, qui elles-mêmes ont été rectifiées par la loi de Newton, le géomètre anglais en vit découler les principaux phénomènes du monde, tels que l'attraction des sphères homogènes, l'aplatissement de la terre aux pôles, la variation des degrés du méridien, les oscillations de la mer, quelques inégalités de la Lune, et la précession des équinoxes. Malgré les explications satisfaisantes que Newton, et surtout d'Alembert, Clairaut et Euler donnèrent, après lui, de ces phénomènes, toutes les fois que la découverte d'une nouvelle inégalité se présenta dans le système planétaire, il dut s'élever des doutes sur l'exactitude de la loi newtonienne; mais une chose digne de remarque, c'est qu'une analyse plus habilement dirigée (*) a toujours rendu compte des nombreuses inégalités des planètes, et souvent même a fait découvrir des inégalités qu'il n'avait pas encore été donné aux astronomes d'observer. Ainsi, les travaux de Lagrange, de Laplace, de Poisson et des géomètres contemporains ont confirmé ou prévu les conséquences de la pesanteur universelle.

(*) D'après quelques astronomes, la théorie d'Uranus semblerait devoir faire exception à la loi de la gravitation, à raison de son éloignement du Soleil. Cette planète est à une distance de 700 millions de lieues de l'Observatoire de Paris.

D. *Solution du problème de Képler au moyen d'une série ordonnée suivant les sinus des multiples croissants de l'anomalie moyenne.*

Terme général des coefficients, exprimé en fonction d'une indéterminée m *et de l'excentricité* e.

IV. Pour démontrer l'existence de cette série, nous nous appuierons sur la formule de Lagrange que nous rappellerons ici.

Cette formule, qui sert à développer, suivant les puissances de x, une fonction quelconque de u, $\varphi(u)$, lorsque $u = a + xf(u)$, $f(u)$ étant aussi une fonction quelconque de u, cette formule, disons-nous, est la suivante :

$$(A)\quad \left\{\begin{aligned} \varphi(u) = \varphi(a) &+ \frac{x}{1}\varphi'(a)f(a) + \frac{x^2}{1.2}\frac{d.\varphi'(a)f(a)^2}{da} + \frac{x^3}{1.2.3}\frac{d^2.\varphi'(a)f(a)^3}{da^2} + \ldots \\ &+ \frac{x^n}{1.2\ldots n}\frac{d^{n-1}.\varphi'(a)f(a)^n}{da^{n-1}}. \end{aligned}\right.$$

Si, dans cette formule, on suppose $\varphi(u) = u$ d'où $\varphi(a) = a$ et $\varphi'(a) = 1$, elle devient

$$(B)\quad u = a + \frac{x}{1}f(a) + \frac{x^2}{1.2}\frac{d.f(a)^2}{da} + \frac{x^3}{1.2.3}\frac{d^2.f(a)^3}{da^2} + \ldots + \frac{x^n}{1.2\ldots n}\frac{d^{n-1}.f(a)^n}{da^{n-1}}.$$

Cela posé, identifions l'équation $u = a + xf(u)$ avec la deuxième des équations (a) mise sous la forme $u = nt + e\sin u$, on aura

$$a = nt \quad x = e, \quad f(u) = \sin u,$$

et par suite

$$f(a) = \sin nt.$$

Substituant ces valeurs dans la formule (B), elle devient

$$u = nt + \frac{e}{1}\sin nt + \frac{e^2}{1.2}\frac{d.\sin^2 nt}{d\,nt} + \frac{e^3}{1.2.3}\frac{d^2.\sin^3 nt}{(d\,nt)^2} + \ldots + \frac{e^n}{1.2\ldots n}\frac{d^{n-1}.\sin^n nt}{(d\,nt)^{n-1}}.$$

On pourrait, avant d'effectuer les différentiations indiquées, remplacer les puissances du sinus par leurs valeurs en sinus et cosinus d'arcs multiples de nt, au moyen des formules suivantes :

$$(C)\qquad (-1)^p \sin^{2p} u = \frac{1}{2^{2p-1}}\left[\begin{array}{l}\cos 2pu - 2p\cos(2p-2)u \\ + \frac{2p(2p-1)}{1.\ 2}\cos(2p-4)u - \ldots\end{array}\right].$$

Le dernier terme de cette série est

$$\pm \tfrac{1}{2}\,\frac{2p(2p-1)\ldots(p+1)}{1.\ 2\ldots\ p};$$

le signe + correspond à (p) pair, et le signe — à (p) impair :

$$(D)\qquad (-)^p \sin^{2p+1} u = \frac{1}{2^{2p}}\left[\begin{array}{l}\sin(2p+1)u - (2p+1)\sin(2p-1)u \\ + \frac{(2p+1)2p}{1.\ 2}\sin(2p-3)u - \ldots\end{array}\right].$$

Le dernier terme est

$$\pm\frac{(2p+1)2p\ldots(p+2)}{1.\ 2\ldots\ldots\ p}\sin u\ ;$$

le signe + correspond à (p) pair, et le signe — à (p) impair.

Si, après ces substitutions, on effectuait les différentiations, on voit facilement que les résultats ne contiendraient que des sinus linéaires des divers multiples de nt. On peut donc concevoir que l'on ait rassemblé tous les termes renfermant les sinus des mêmes multiples de nt; et par suite en représentant nt par z, la série pourra prendre la forme suivante :

$$(1)\qquad u - z = A_1 \sin z + A_2 \sin 2z + A_3 \sin 3z + \ldots + A_m \sin mz.$$

Les coefficients $A_1, A_2, A_3, \ldots, A_m$ sont des fonctions de e qu'il s'agit de déterminer au moyen d'un terme général exprimé en m et e. Pour y parvenir, nous nous appuierons sur les formules suivantes :

Si m et m' sont deux nombres entiers positifs et différents, on aura, en intégrant,

$$(E)\qquad (1)\ \int_0^{\varpi}\cos mz\cos m'z\,dz = 0,\qquad (2)\ \int_0^{\varpi}\sin mz\sin m'z\,dz = 0.$$

Si $m = m'$, on aura

$$(F)\qquad (1)\ \int_0^{\varpi}\cos^2 mz\,dz = \frac{\varpi}{2}.\qquad (2)\ \int_0^{\varpi}\sin^2 mz\,dz = \frac{\varpi}{2}.$$

Ces dernières formules ne s'appliquent point à $m=0$. Dans ce cas, la première intégrale est égale à ϖ, et la seconde à zéro.

Cela posé, multipliant (1) par $\sin mz\,dz$, et intégrant ensuite depuis $z=0$ jusqu'à $z=\varpi$, on voit facilement qu'en vertu des formules (2) de (E) et (F), tous les termes du second membre s'évanouiront, à l'exception de celui qui a pour coefficient A_m; d'où l'on conclut

$$A_m=\frac{2}{\varpi}\int_0^{\varpi}(u-z)\sin mz\,dz.$$

Intégrant par parties, et observant qu'en vertu de la deuxième des équations (a), $u=0$ et $u=\pi$ répondent à $z=0$ et $z=\varpi$, cette expression peut être mise sous la forme

$$A_m=\frac{2}{m\varpi}\int_0^{\varpi}\cos mz\,du.$$

Substituant dans cette expression, à la place de z, sa valeur en u déduite de la deuxième des équations (a), savoir : $z=u-e\sin u$, il viendra

$$A_m=\frac{2}{m\varpi}\int_0^{\varpi}\cos(mu-me\sin u)\,du.$$

Développons l'expression sous le signe d'intégration par les formules connues qui servent à exprimer le sinus et le cosinus en séries ordonnées suivant les puissances de l'arc, on aura

$$\cos(mu-me\sin u)=\left\{\begin{aligned}&\left[\begin{aligned}&1-\frac{m^2e^2}{1.2}\sin^2u+\frac{m^4e^4}{1.2.3.4}\sin^4u\\&-\frac{m^6e^6}{1.2.3.4.5.6}\sin^6u+\ldots+(-1)^p\frac{m^{2p}e^{2p}}{1.2\ldots 2p}\sin^{2p}u\end{aligned}\right]\cos mu\\&+\left[\begin{aligned}&me\sin u-\frac{m^3e^3}{1.2.3}\sin^3u\\&+\frac{m^5e^5}{1.2.3.4.5}\sin^5u-\ldots+(-1)^p\frac{m^{2p+1}e^{2p+1}}{1.2\ldots(2p+1)}\sin^{2p+1}u\end{aligned}\right]\sin mu.\end{aligned}\right.$$

Substituant cette valeur dans la dernière expression de A_m, on aura, en représentant les deux séries précédentes par leurs termes généraux,

$$A_m = \frac{2}{m\varpi}\,\frac{m^{2p}e^{2p}}{1.2\ldots 2p}\int_0^{\varpi}(-1)^p \sin^{2p}u \cos mu\, du$$

$$+\frac{2}{m\varpi}\,\frac{m^{2p+1}e^{2p+1}}{1.2\ldots(2p+1)}\int_0^{\varpi}(-1)^p \sin^{2p+1}u \sin mu\, du.$$

Il faut remarquer que, pour déduire le premier terme de la première série ci-dessus de son terme général, il faudrait faire $p=0$. Dans ce cas, le coefficient $\frac{m^{2p}e^{2p}}{1.2\ldots 2p}$ se réduisant à $\frac{1}{0}$, on prendra 1 pour valeur de ce coefficient, et par cette convention tous les termes de la série seront compris, sans exception, dans son terme général.

Il ne reste plus, pour avoir la valeur de A_m, qu'à trouver celle des deux intégrales dont elle est composée. A cet effet, remplaçant les puissances du sinus par leurs valeurs déduites des formules (A), (B), on aura

$$A_m = \frac{2}{m\varpi}\cdot\frac{m^{2p}e^{2p}}{1.2\ldots 2p}\,\frac{1}{2^{2p-1}}\int_0^{\varpi}\left[\begin{array}{l}\cos 2pu - 2p\cos(2p-2)u\\ +\frac{2p(2p-1)}{1.\ \ 2}\cos(2p-4)u - \ldots\end{array}\right]\cos mu\, du$$

$$+\frac{2}{m\varpi}\cdot\frac{m^{2p+1}e^{2p+1}}{1.2\ldots(2p+1)}\,\frac{1}{2^{2p}}\int_0^{\varpi}\left[\begin{array}{l}\sin(2p+1)u-(2p+1)\sin(2p-1)u\\ +\frac{(2p+1)2p}{1.\ \ 2}\sin(2p-3)u - \ldots\end{array}\right]\sin mu\, du.$$

Il faut maintenant donner à (p) toutes les valeurs depuis zéro jusqu'à l'infini, et intégrer les termes correspondants à chaque substitution. Or, en vertu des formules (E) et (F), les termes qui prendront la forme $K\int_0^{\varpi}\cos^2 mu\, du$, $K\int_0^{\varpi}\sin^2 mu\, du$ auront pour valeur $\frac{\varpi}{2}$, et tous les autres s'évanouiront. On conclut de là que si m est pair, toutes les intégrales de la deuxième série seront nulles, et que pour obtenir les valeurs de celles de la première, il suffira de considérer les valeurs de p, qui donneront

$$2p=m,\quad 2p-2=m,\quad 2p-4=m,\ldots,\quad 2p-2k=m,$$

d'où

$$2p=m,\quad 2p=m+2,\quad 2p=m+4,\ldots,\quad 2p=m+2k.$$

Substituant ces valeurs et intégrant, on trouve

$$A_m = \frac{1}{m}\left[\begin{array}{l} \frac{1}{2^{m-1}}\,\frac{m^m}{1.2\ldots m}\,e^m - \frac{1}{2^{m+1}}\,\frac{m+2}{1}\,\frac{m^{m+2}}{1.2\ldots(m+2)}\,e^{m+2} \\ + \frac{1}{2^{m+3}}\,\frac{(m+4)(m+3)}{1.2}\,\frac{m^{m+4}}{1.2\ldots(m+4)}\,e^{m+4} - \ldots \end{array}\right].$$

Si m est impair, toutes les intégrales de la première série sont nulles, et celles de la seconde s'obtiendront en posant

$$2p+1=m,\quad 2p-1=m,\quad 2p-3=m,\ldots,\quad 2p-2k-1=m,$$

d'où

$$2p+1=m,\quad 2p+1=m+2,\quad 2p+1=m+4,\ldots,\quad 2p+1=m+2k.$$

Substituant ces valeurs et intégrant, on voit facilement qu'on trouvera la même expression que ci-dessus pour la valeur de A_m, de sorte que cette formule convient à m pair, et à m impair. En y faisant successivement $m = 1, 2, 3, 4, \ldots$, on en déduira tous les coefficients de la série

$$u - z = A_1 \sin z + A_2 \sin 2z + A_3 \sin 3z + A_4 \sin 4z + \ldots + A_m \sin mz.$$

C'est ainsi qu'on a trouvé :

$u - z = e$	$\sin z + \frac{1}{2}e^2$	$\sin 2z + \frac{3}{2^3}e^3$	$\sin 3z + \frac{1}{3}e^4$	$\sin 4z + \ldots$
$-\frac{1}{2^3}e^3$	$-\frac{1}{2.3}e^4$	$-\frac{3^3}{2^7}e^5$	$-\frac{2^2}{3.5}e^6$	
$+\frac{1}{2^6.3}e^5$	$+\frac{1}{2^4.3}e^6$	$+\ldots$	$+\ldots$	
$-\ldots$	$-\ldots$	$\ldots$	$\ldots$	
$\ldots$	$\ldots$	$\ldots$	$\ldots$	
$\ldots$	$\ldots$	$\ldots$	$\ldots$	

E. *Développement du rayon vecteur en une série ordonnée suivant les cosinus linéaires des multiples croissants de l'anomalie moyenne. — Terme général des coefficients.*

V. Pour démontrer l'existence de la série cherchée, nous observerons qu'en vertu de l'équation $r = a(1 - e\cos u)$, r est une fonction de u, cette variable u étant d'ailleurs liée avec e par l'équation

$u = z + e \sin u$. On pourra donc développer r suivant les puissances de e, au moyen de la formule (A). Il suffit, pour cela, de poser

$$\varphi(u) = a(1 - e \cos u),$$

d'où

$$\varphi'(u) = ae \sin u,$$

et d'identifier l'équation $u = a + xf(u)$ avec $u = z + e \sin u$. On obtiendra ainsi

$$a = z, \quad x = e, \quad f(u) = \sin u,$$

et par suite,

$$\varphi(a) = a(1 - e \cos z), \quad \varphi'(a) = ae \sin z, \quad f(a) = \sin z.$$

Substituant ces valeurs dans (A), il vient

$$r = a(1 - e \cos z) + ae^2 \sin^2 z + a \frac{e^3}{1.2} \frac{d.\sin^3 z}{dz}$$
$$+ a \frac{e^4}{1.2.3} \frac{d^2.\sin^4 z}{dz^2} + \ldots + a \frac{e^{n+1}}{1.2\ldots n} \frac{d^{n-1}.\sin^{n+1} z}{dz^{n-1}}.$$

Il est facile de voir que si, après avoir remplacé les puissances du sinus par leurs valeurs en sinus et cosinus des multiples de z au moyen des formules (C) et (D), on effectuait les différentiations indiquées, cette série ne contiendrait que des puissances de e multipliées par des fonctions de cosinus linéaires d'arcs multiples de z. On peut donc concevoir qu'on ait rassemblé tous les termes renfermant les cosinus des mêmes multiples de z, et qu'on ait écrit cette série sous la forme suivante :

$$r = B_0 + B_1 \cos z + B_2 \cos 2z + B_3 \cos 3z + \ldots + B_m \cos mz,$$

B_0, B_1, $B_2, \ldots$, B_m étant des fonctions de e qu'il s'agit de déterminer au moyen d'un terme général exprimé en e, et en une indéterminée m. Pour y parvenir, multiplions les deux membres de l'équation par $\cos mz dz$, et intégrons ensuite depuis $z = 0$ jusqu'à $z = \pi$. En vertu de la première des formules (E). (F), il viendra

$$B_m = \frac{2}{\pi} \int_0^{\pi} r \cos mz dz.$$

Remplaçant t et z par leurs valeurs déduites des deux premières équations (a), et observant qu'en vertu de la seconde de ces équations (a), à $z = 0$ et $z = \pi$ répondent $u = 0$ et $u = \pi$, on aura

$$B_m = \frac{2a}{\varpi}\int_0^{\varpi}(1 - e\cos u)^2 \cos(mu - me\sin u)\,du.$$

Intégrant par parties, on aura

$$B_m = -\frac{2ae}{m\varpi}\int_0^{\varpi}\sin(mu - me\sin u)\sin u\,du.$$

Cette dernière formule ne s'applique pas au cas ou $m = 0$. Dans ce cas particulier, on a

$$B_0 = \frac{2a}{\varpi}\int_0^{\varpi}(1 - e\cos u)^2\,du = a(1 + \tfrac{1}{2}e^2).$$

C'est le seul coefficient dont on puisse trouver la valeur exacte.

En développant $\sin(mu - me\sin u)$, on obtiendra deux séries dont les termes généraux seront

$$(-1)^p\,\frac{m^{2p}e^{2p}}{1.2.3\ldots 2p}\sin^{2p}u\sin mu,$$

$$(-1)^p\,\frac{m^{2p+1}e^{2p+1}}{1.2.3\ldots(2p+1)}\sin^{2p+1}u\cos mu.$$

Si on les substitue dans la valeur précédente de B_m, il viendra

$$B_m = -\frac{2ae}{m\varpi}\frac{m^{2p}e^{2p}}{1.2\ldots 2p}\int_0^{\varpi}(-1)^p\sin^{2p+1}u\sin mu\,du$$
$$+\frac{2ae}{m\varpi}\frac{m^{2p+1}e^{2p+1}}{1.2.3\ldots(2p+1)}\int_0^{\varpi}(-1)^p\sin^{2p+1}u\cos mu\,du.$$

On peut donner à cette expression la forme suivante :

$$B_m = -\frac{a}{m}\left[\begin{array}{l}(2p+1)\,\dfrac{2}{m\varpi}\,\dfrac{m^{2p+1}e^{2p+1}}{1.2\ldots(2p+1)}\displaystyle\int_0^{\varpi}(-1)^p\sin^{2p+1}u\sin mu\,du\\ +(2p+2)\,\dfrac{2}{m\varpi}\,\dfrac{m^{2p+2}e^{2p+2}}{1.2.3\ldots(2p+2)}\displaystyle\int_0^{\varpi}(-1)^{p+1}\sin^{2p+2}u\cos mu\,du\end{array}\right].$$

En comparant cette valeur avec celle de A_m trouvée précédemment, savoir :

$$A_m = \frac{2}{m\varpi} \frac{m^{2p+1} c^{2p+1}}{1.2.3\ldots(2p+1)} \int_0^{\varpi} (-1)^p \sin^{2p+1} u \sin mu\, du$$
$$+ \frac{2}{m\varpi} \frac{m^{2p} c^{2p}}{1.2\ldots 2p} \int_0^{\varpi} (-1)^p \sin^{2p} u \cos mu\, du,$$

on voit que la première intégrale de A_m est, au facteur près $-\frac{a}{m}(2p+1)$, identique avec la première intégrale de B_m, et que la seconde intégrale de A_m s'identifie avec la seconde de B_m, abstraction faite du facteur $-\frac{a}{m}(2p+2)$, en y remplaçant $2p$ par $2p+2$. Or, nous avons vu que, si m est impair, la seconde intégrale A_m s'anéantit, et que pour obtenir la valeur de la première, il faut y faire successivement $2p+1 = m, m+2, m+4, m+6, \ldots$, et intégrer le résultat de chaque substitution. Si m est pair, c'est la première intégrale qui s'évanouit, et la valeur de A_m se déduit de la seconde, en y faisant $2p = m, m+2, m+4, m+6, \ldots$ et en intégrant le résultat de chaque substitution. Nous avons trouvé dans ces deux cas la même expression pour A_m, savoir :

$$A_m = \frac{1}{m}\left[\begin{array}{l} \frac{1}{2^{m-1}} \frac{m^m}{1.2\ldots m} c^m - \frac{1}{2^{m+1}} \frac{m^{m+2}}{1.2.3\ldots(m+2)} \frac{m+2}{1} c^{m+2} \\ \qquad + \frac{1}{2^{m+3}} \frac{m^{m+4}}{1.2.3\ldots(m+4)} \frac{(m+4)(m+3)}{1\ .\ 2} c^{m+4} + \ldots \end{array}\right].$$

On conclut de là que la valeur de B_m s'obtiendra en multipliant le premier terme de la valeur ci-dessus de A_m par m, le second par $m+2$, le troisième par $m+4$, le quatrième par $m+6$, etc., etc., et tous les termes par $-\frac{a}{m}$. On trouve ainsi

$$B_m = -a\frac{1}{m}\left[\begin{array}{l} \frac{1}{2^{m-1}} \frac{m^m}{1.2\ldots(m-1)} c^m - \frac{1}{2^{m+1}} \frac{m+2}{1} \frac{m^{m+2}}{1.2\ldots(m+1)} c^{m+2} \\ \qquad + \frac{1}{2^{m+3}} \frac{(m+4)(m+3)}{1.2} \frac{m^{m+4}}{1.2\ldots(m+3)} c^{m+4} + \ldots \end{array}\right].$$

On peut arriver à ce résultat plus simplement. Différentions, par rapport à (e), l'expression de A_m trouvée précédemment, savoir :

$$A_m = \frac{2}{m\varpi} \int_0^{\varpi} \cos(mu - me \sin u)\, du,$$

il viendra

$$\frac{d.A_m}{de} = \frac{2}{\varpi} \int_0^{\varpi} \sin(mu - me \sin u) \sin u\, du;$$

divisant, par cette expression, la valeur de B_m, qui est

$$B_m = -\frac{2ae}{m\varpi} \int_0^{\varpi} \sin(mu - me \sin u) \sin u\, du,$$

on aura

$$\frac{B_m}{\frac{d.A_m}{de}} = -\frac{ae}{m},$$

d'où

$$B_m = -\frac{ae}{m} \times \frac{d.A_m}{de}.$$

Prenant la dérivée, par rapport à (e), de la valeur de A_m, on trouve

$$\frac{d.A_m}{de} = \frac{1}{m}\left[\begin{array}{l} \frac{1}{2^{m-1}} \frac{m^m}{1.2\ldots(m-1)} e^{m-1} - \frac{1}{2^{m+1}} \frac{m+2}{1} \frac{m^{m+1}}{1.2\ldots(m+1)} e^{m+1} \\ + \frac{1}{2^{m+3}} \frac{m^{m+2}}{1.2\ldots(m+3)} \frac{(m+4)(m+3)}{1\ .\ 2} e^{m+3} - \ldots \end{array}\right].$$

Substituant cette valeur dans celle de B_m, il vient

$$B_m = -a \frac{1}{m}\left[\begin{array}{l} \frac{1}{2^{m-1}} \frac{m^m}{1.2\ldots(m-1)} e^m - \frac{1}{2^{m+1}} \frac{m^{m+1}}{1.2\ldots(m+1)} e^{m+2} \\ + \frac{1}{2^{m+3}} \frac{(m+4)(m+3)}{1\ .\ 2} \frac{m^{m+2}}{1.2\ldots(m+3)} e^{m+4} + \ldots \end{array}\right],$$

valeur conforme à celle qui a été trouvée par la première méthode. En faisant $m = 1, 2, 3, 4, 5, \ldots$, on déduira tous les coefficients de la série r, à partir du second. Nous savons que $B_0 = a(1 + \frac{1}{2}e^2)$. De cette manière, on trouve

$$r = -a \left\{ \begin{array}{l} 1 + \frac{1}{2}\, e^2 + \left(e - \frac{3}{2^3} e^3 + \frac{5}{2^6.3} e^5 + \ldots\right) \cos z \\ + \left(\frac{1}{2}\, e^2 - \frac{1}{3} e^4 + \frac{1}{2} e^6 + \ldots\right) \cos 2z \\ + \left(\frac{3}{2^3}\, e^3 - \frac{5.3^2}{2^7} e^5 + \ldots\right) \cos 3z \\ + \left(\frac{1}{3}\, e^4 - \frac{2}{5} e^6 + \ldots\right) \cos 4z \\ + \left(\frac{5^3}{2^7} e^5 + \ldots\right) \cos 5z \\ + \ldots\ldots\ldots\ldots\ldots\ldots \\ + \ldots\ldots\ldots\ldots\ldots\ldots \end{array} \right.$$

F. *Développement de l'équation du centre en une série ordonnée suivant les sinus linéaires des multiples croissants de l'anomalie moyenne. — Terme général des coefficients.*

VI. Pour démontrer l'existence de la série cherchée, prenons la troisième des équations (a) qui peut s'écrire ainsi :

$$\frac{\sin \frac{1}{2} \theta}{\cos \frac{1}{2} \theta} = \sqrt{\frac{1+e}{1-e}} \cdot \frac{\sin \frac{1}{2} u}{\cos \frac{1}{2} u}.$$

En y substituant, à la place des sinus et cosinus de $\frac{1}{2}\theta$ et $\frac{1}{2}u$, leurs valeurs en exponentielles imaginaires, cette équation devient

$$\frac{i^{\frac{1}{2}\theta\sqrt{-1}} - i^{-\frac{1}{2}\theta\sqrt{-1}}}{i^{\frac{1}{2}\theta\sqrt{-1}} + i^{-\frac{1}{2}\theta\sqrt{-1}}} = \sqrt{\frac{1+e}{1-e}} \cdot \frac{i^{\frac{1}{2}u\sqrt{-1}} - i^{-\frac{1}{2}u\sqrt{-1}}}{i^{\frac{1}{2}u\sqrt{-1}} + i^{-\frac{1}{2}u\sqrt{-1}}};$$

i représente la base des logarithmes népériens.

Cette équation peut se mettre sous la forme

$$\frac{i^{\theta\sqrt{-1}} - 1}{i^{\theta\sqrt{-1}} + 1} = \sqrt{\frac{1+e}{1-e}} \cdot \frac{i^{u\sqrt{-1}} - 1}{i^{u\sqrt{-1}} + 1}.$$

En tirant de cette équation la valeur de $i^{\theta\sqrt{-1}}$, on trouve

$$i^{\theta\sqrt{-1}} = \frac{i^{u\sqrt{-1}}\left(\sqrt{1-e} + \sqrt{1+e}\right) + \left(\sqrt{1-e} - \sqrt{1+e}\right)}{i^{u\sqrt{-1}}\left(\sqrt{1-e} - \sqrt{1+e}\right) + \left(\sqrt{1-e} + \sqrt{1+e}\right)},$$

ou bien

$$i^{v\sqrt{-1}} = \frac{i^{u\sqrt{-1}} - \dfrac{e}{1+\sqrt{1-e^2}}}{i^{u\sqrt{-1}} \times \dfrac{-e}{1+\sqrt{1-e^2}} + 1}.$$

Posant, pour abréger,

$$E = \frac{e}{1+\sqrt{1-e^2}},$$

on peut écrire

$$i^{v\sqrt{-1}} = \frac{i^{u\sqrt{-1}} - E}{1 - E i^{u\sqrt{-1}}} = \frac{1 - E i^{-u\sqrt{-1}}}{1 - E i^{u\sqrt{-1}}} \times i^{u\sqrt{-1}}.$$

Prenant les logarithmes des deux membres, on a

$$v\sqrt{-1} = u\sqrt{-1} + l\left(1 - E i^{-u\sqrt{-1}}\right) - l\left(1 - E i^{u\sqrt{-1}}\right).$$

Remplaçant les logarithmes par leurs valeurs en séries, il vient

$$v\sqrt{-1} = u\sqrt{-1} + \frac{E}{1}\left(i^{u\sqrt{-1}} - i^{-u\sqrt{-1}}\right) + \frac{E^2}{2}\left(i^{2u\sqrt{-1}} - i^{-2u\sqrt{-1}}\right) + \ldots$$
$$+ \frac{E^n}{n}\left(i^{nu\sqrt{-1}} - i^{-nu\sqrt{-1}}\right).$$

Substituant aux exponentielles imaginaires les sinus réels correspondants, et divisant ensuite les deux membres par $\sqrt{-1}$, on a

$$(S) \quad v = u + 2\left(E \sin u + E^2 \frac{\sin 2u}{2} + E^3 \frac{\sin 3u}{3} + E^4 \frac{\sin 4u}{4} + \ldots + E^n \frac{\sin nu}{n}\right).$$

Il ne s'agit plus que d'exprimer u, $\sin u$, $\sin 2u$, $\sin 3u, \ldots$, en fonction de z. Or, si dans la formule (A) on fait

$$\varphi(u) = \sin nu, \quad a = z, \quad x = e, \quad f(a) = \sin z, \quad \psi'(a) = n \cos nz,$$

il viendra

$$\sin nu = \sin nz + n\left(\frac{e}{1}\cos nz \sin nz + \frac{e^2}{1.2}\frac{d \cos nz \sin^2 z}{dz} + \ldots + \frac{e^n}{1.2\ldots n}\frac{d^{n-1} \cos nz \sin^n z}{dz^{n-1}}\right).$$

En faisant $n = 1, 2, 3, 4, \ldots$, cette formule donnera les valeurs de $\sin u$, $\sin 2u$, $\sin 3u, \ldots$ en z. Il ne restera qu'à effectuer les différentiations indiquées. A cet effet, on remplacera les puissances du sinus par leurs valeurs en cosinus ou sinus d'arcs multiples, et ensuite, les produits d'un sinus multiplié par un cosinus, par une somme de sinus, et les produits de deux cosinus par une somme de cosinus. Il est facile de voir que les résultats des différentiations ne contiendront que des sinus d'arcs multiples de z. D'autre part, on peut développer E, E^2, E^3,... suivant les puissances entières et positives de e. Il suit de là que $E \sin u$, $E^2 \sin 2u$, $E^3 \sin 3u$,... peuvent être remplacés dans (S) par des séries multipliées par des fonctions de sinus de multiples de z, chacune de ces séries ne renfermant d'ailleurs que des puissances entières et positives de e. La valeur de u trouvée dans le § IV est composée de z, plus une série ordonnée suivant les puissances de e multipliées par des fonctions de sinus d'arcs multiples de z; si donc on conçoit qu'on ait fait ces substitutions, et qu'on ait rassemblé tous les termes contenant les sinus des mêmes multiples de z, l'équation (S) prendra la forme

$$(1) \qquad \vartheta - z = C_1 \sin z + C_2 \sin 2z + C_3 \sin 3z + \ldots + C_m \sin mz,$$

$C_1, C_2, C_3, \ldots, C_m$ étant des coefficients fonctions de e qu'il s'agit de déterminer.

A cet effet, multiplions les deux membres de (1) par $\sin mz dz$, et intégrons ensuite depuis $z = 0$ jusqu'à $z = \varpi$. En vertu des formules (2) de (E) et (F), on aura

$$C_m = \frac{2}{\varpi} \int_0^{\varpi} (\vartheta - z) \sin mz dz.$$

Intégrant par parties, et observant qu'en vertu des deux dernières des équations (a), $\vartheta - z$ est zéro entre les deux limites $z = 0$ et $z = \varpi$, on aura

$$C_m = \frac{2}{m\varpi} \int_0^{\varpi} \cos mz d\vartheta.$$

Substituons, dans cette formule, à z et à ϑ leurs valeurs déduites des deux dernières des équations (a). En observant qu'en vertu de ces équations, $d\vartheta = \frac{\sqrt{1-e^2}}{1-e\cos u} du$ et $\cos mz = \cos(mu - me \sin u)$, et qu'à

$z=0$ et $z=\varpi$ répondent $u=0$ et $u=\varpi$, on obtiendra

$$C_m=\frac{2\sqrt{1-e^2}}{m\varpi}\int_0^{\varpi}\frac{\cos(mu-me\sin u)}{1-e\cos u}du.$$

Développons l'expression placée sous le signe somme. Nous avons trouvé précédemment

$$\cos(mu-me\sin u)=\begin{cases}\left[1-\frac{m^2e^2}{1.2}\sin^2u+\frac{m^4e^4}{1.2.3.4}\sin^4u-\ldots+(-1)^p\frac{m^{2p}e^{2p}}{1.2\ldots 2p}\sin^{2p}u\right]\cos mu\\ +\left[me\sin u-\frac{m^3e^3}{1.2.3}\sin^3u+\ldots+(-1)^p\frac{m^{2p+1}e^{2p+1}}{1.2\ldots(2p+1)}\right]\sin mu;\end{cases}$$

de plus on a

$$\frac{1}{1-e\cos u}=1+e\cos u+e^2\cos^2u+e^3\cos^3u+e^4\cos^4u+\ldots+e^n\cos^n u.$$

Multipliant les deux égalités précédentes membre à membre, et représentant les séries par leurs termes généraux, on aura

$$\frac{\cos(mu-me\sin u)}{1-e\cos u}=+(-1)^p\frac{m^{2p}e^{2p+n}}{1.2\ldots 2p}\sin^{2p}u\cos^n u\cos mu$$
$$+(-1)^p\frac{m^{2p+1}e^{2p+n+1}}{1.2\ldots(2p+1)}\sin^{2p+1}u\cos^n u\sin mu.$$

Substituant ce résultat sous le signe $\int$ dans la dernière expression de C_m, et faisant, pour abréger,

$$(1)\qquad M=\frac{2\sqrt{1-e^2}}{m\varpi}\cdot\frac{m^{2p}e^{2p+n}}{1.2\ldots 2p}\int_0^{2\varpi}(-1)^p\sin^{2p}u\cos^n u\cos mu\,du,$$

$$N=\frac{2\sqrt{1-e^2}}{m\varpi}\cdot\frac{m^{2p+1}e^{2p+n+1}}{1.2\ldots(2p+1)}\int_0^{2\varpi}(-1)^p\sin^{2p+1}u\cos^n u\sin mu\,du,$$

on aura

$$C_m=M+N,$$

M et N représentant deux séries d'intégrales, dont on obtiendra tous les termes en donnant à n et à p les valeurs simultanées et successives

$$\left.\begin{matrix}n=0,\ 0,\ 0,\ldots,\ 0\\ p=1,\ 2,\ 3,\ldots,\infty\end{matrix}\right|\begin{matrix}n=1,\ 1,\ 1,\ldots,\ 1\\ p=0,\ 1,\ 2,\ldots,\infty\end{matrix}\left|\begin{matrix}n=2,\ 2,\ 2,\ldots,\ 2\\ p=0,\ 1,\ 2,\ldots,\infty\end{matrix}\right\},\ \text{etc.}$$

Il ne s'agira plus, pour trouver la valeur de C_n, qu'à intégrer tous les termes de ces séries. Occupons-nous d'abord de la série (M), et, pour faciliter l'intégration, transformons l'expression sous le signe $\int$. On a

$$(-1)^p \sin^{2p} u = (-1)^p (1-\cos^2 u)^p = (-1)^p \left[\begin{array}{c} 1 - p\cos^2 u + \frac{p(p-1)}{1.2}\cos^4 u - \ldots \pm p\cos^{2p-2} u \\ + (-1)^p \cos^{2p} u \end{array} \right],$$

ou bien

$$(-1)^p \sin^{2p} u = \pm 1 \mp p\cos^2 u \pm \ldots - \frac{p(p-1)(p-2)}{1.2.3}\cos^{2p-6} u$$
$$+ \frac{p(p-1)}{1.2}\cos^{2p-4} u - p\cos^{2p-2} u + \cos^{2p} u.$$

Ce développement renferme $p + 1$ termes qui sont alternativement positifs et négatifs en allant du dernier vers le premier. C'est pour cela que les premiers sont affectés du double signe $\pm$. Substituant cette valeur de $(-1)^p \sin^{2p} u$ sous le signe somme dans M, il vient

$$M = \frac{2\sqrt{1-e^2}}{m\varpi} \cdot \frac{m^{2p} e^{2p+n}}{1.2\ldots 2p} \int_0^{2\varpi} \left\{ \begin{array}{l} \pm \cos^n u \mp p\cos^{n+2} u \pm \ldots \\ - \frac{p(p-1)(p-2)}{1.2.3}\cos^{2p+n-6} u + \frac{p(p-1)}{1.2}\cos^{2p+n-4} u \\ - p\cos^{2p+n-2} u + \cos^{2p+n} u \end{array} \right\} \cos mu\, du.$$

Remplaçant les puissances du cosinus par leurs valeurs en cosinus d'arcs multiples, et commençant ces substitutions par le dernier terme $\cos^{n+2p} u$, on aura

$$(9)\quad M = \frac{2\sqrt{1-e^2}}{m\varpi}\cdot\frac{m^{2p}e^{2p+n}}{1.2\ldots 2p}\int_0^{2\varpi}\left\{\begin{array}{l}
\frac{1}{2^{2p+n-1}}\left[\cos(2p+n)u + (2p+n)\cos(2p+n-2)u + \frac{(2p+n)(2p+n-1)}{1.2}\cos(2p+n-4)u + \ldots\right] \\
- p\,\frac{1}{2^{2p+n-3}}\left[\cos(2p+n-2)u + (2p+n-2)\cos(2p+n-4)u + \frac{(2p+n-2)(2p+n-3)}{1.2}\cos(2p+n-6)u + \ldots\right] \\
+ \frac{p(p-1)}{1.2}\cdot\frac{1}{2^{2p+n-5}}\left[\cos(2p+n-4)u + (2p+n-4)\cos(2p+n-6)u + \ldots\right] \\
- \frac{p(p-1)(p-2)}{1.2.3}\cdot\frac{1}{2^{2p+n-7}}\left[\cos(2p+n-6)u + (2p+n-6)\cos(2p+n-8)u + \ldots\right] \\
+ \ldots\ldots\ldots\ldots\ldots\ldots \\
- \ldots\ldots\ldots\ldots\ldots\ldots \\
+ \ldots\ldots\ldots\ldots\ldots\ldots \\
- \ldots\ldots\ldots\ldots\ldots\ldots \\
+ (-1)^p\cdot\frac{1}{2^{n-1}}\left[\cos nu + n\cos(n-2)u + \frac{n(n-1)}{1.2}\cos(n-4)u + \ldots\right]
\end{array}\right\}\cos mu\,du.$$

Il ne reste plus qu'à substituer successivement dans cette expression les valeurs de n et de p, conformément à ce que nous avons dit précédemment, et qu'à intégrer tous les termes qui résulteront de ces substitutions. Or, en vertu des formules (1) de (E) et (F), les termes qui prendront la forme $K\int_0^{\varpi}\cos^2 mu\,du$ auront pour valeur $K\cdot\frac{\varpi}{2}$, et tous les autres s'anéantiront après l'intégration. Cette observation nous conduit à ne considérer que les valeurs de n et p, telles que l'on ait

$$n+2p=m,\quad n+2p-2=m,\quad n+2p-4=m,\ldots,\quad n+2p-2k=m.$$

Pour toutes les valeurs de n et de p qui donneront $n+2p=m$, le premier terme seul de M prendra la forme $K\int_0^{\varpi}\cos^2 mu\,du$, et par conséquent il suffira de les substituer dans ce terme. Par la même raison, il suffira de substituer dans le second terme de la première ligne de (M), et dans le premier de la deuxième, les valeurs de n et p qui donneront $n + 2p - 4 = m$. De même, les valeurs de n et p qui donneront $n + 2p - 4 = m$ devront être substituées seulement dans le troisième terme de la première ligne de (M), dans le deuxième de la seconde, et dans le premier de la troisième. En général, les valeurs de n et p, qui donneront $n + 2p - 2k = m$, devront être substituées seulement dans le $(k+1)^{ième}$ terme de la première ligne de M, dans le $k^{ième}$ terme de la seconde ligne, dans le $(k-1)^{ième}$ de la troisième, dans le $(k-2)^{ième}$ de la quatrième...., dans le troisième terme de la $(k-1)^{ième}$ ligne, dans le deuxième de la $k^{ième}$, et enfin dans le premier de la $(k+1)^{ième}$. La somme de tous ces termes peut être mise sous la forme suivante :

$$(X)\quad \frac{2\sqrt{1-e^2}}{m\varpi}\cdot\frac{m^{2p}e^{2p+n}}{1.2.3\ldots 2p}\cdot\frac{1}{2^{2p+n-1}}\int_0^{\varpi}\left\{\begin{array}{l}
\dfrac{(2p+n)(2p+n-1)\ldots(2p+n-k+1)}{1.\quad 2\ldots\ldots\ldots\ldots k} \\
-2^2\dfrac{(2p+n-2)(2p+n-3)\ldots(2p+n-k)}{1.\quad 2\ldots\ldots\ldots\ldots(k-1)}\times\dfrac{2p}{1} \\
+2^4\dfrac{(2p+n-4)(2p+n-3)\ldots(2p+n-k-1)}{1.\quad 2\ldots\ldots\ldots\ldots(k-2)}\times\dfrac{2p(2p-2)}{1.\quad 2} \\
-2^6\dfrac{(2p+n-6)\ldots(2p+n-k-2)}{1\ldots\ldots\ldots\ldots(k-3)}\times\dfrac{2p(2p-2)(2p-4)}{1.\quad 2.\quad 3} \\
\ldots\ldots\ldots\ldots\ldots\ldots\ldots\ldots\ldots\ldots \\
\ldots\ldots\ldots\ldots\ldots\ldots\ldots\ldots\ldots\ldots \\
+(-1)^k 2^{2k}\dfrac{2p(2p-2)\ldots(2p-2k+2)}{1.\quad 2\ldots\ldots\quad k}
\end{array}\right\}\cos(n+2p-2k)u\cos mu\,du.$$

Si m est impair, les valeurs de n et $2p$ qui donnent $2p+n-2k=m$ sont les suivantes :

$$\left.\begin{matrix} n=1, \\ 2p=m+2k-1, \end{matrix}\right\} \left.\begin{matrix} n=3, \\ 2p=m+2k-3, \end{matrix}\right\} \left.\begin{matrix} n=5, \\ 2p=m+2k-5, \end{matrix}\right\} \cdots \left.\begin{matrix} n=m+2k-2, \\ 2p=2, \end{matrix}\right\} \begin{matrix} n=m+2k, \\ 2p=0. \end{matrix}$$

En les substituant dans (X) et en intégrant tous les termes résultant de ces substitutions, on obtiendra une expression dont on pourra déduire la valeur de M. Il suffira, pour cela, d'y faire successivement $k=0, 1, 2, 3, 4, \ldots, \infty$. Or, il est évident qu'on obtiendra le même résultat en substituant les valeurs de n et de $2p$ dans les facteurs de (X) où se trouve la somme $n+2p$, qui, pour toutes les valeurs ci-dessus de n et $2p$, sera constante et égale à $m+2k$; en intégrant ensuite, en substituant dans les autres facteurs, après l'intégration, les valeurs de $2p$, et enfin en faisant $k=0, 1, 2, 3, \ldots, \infty$. En opérant ainsi, on obtiendra d'abord :

$$(Y)\ \frac{\sqrt{1-e^2}}{m}\,\frac{1}{2^{m+2k-1}}\left\{\begin{array}{l} \dfrac{(m+2k)(m+2k-1)\ldots(m+k+1)}{1.\quad 2.\ldots\ldots\ldots\ldots k}\times\dfrac{m^{2p}}{1.2\ldots 2p} \\ -2^1\dfrac{(m+2k-2)(m+2k-3)\ldots(m+k)}{1.\quad 2.\ldots\ldots\ldots(k-1)}\times\dfrac{2p}{1} \\ +2^2\dfrac{(m+2k-4)\ldots\ldots(m+k-1)}{1\ldots\ldots\ldots\ldots(k-2)}\times\dfrac{2p(2p-2)}{1.\quad 2} \\ +2^3\dfrac{(m+2k-6)\ldots\ldots(m+k-2)}{1\ldots\ldots\ldots\ldots(k-3)}\times\dfrac{2p(2p-2)(2p-4)}{1.\quad 2.\quad 3} \\ \ldots\ldots\ldots\ldots\ldots\ldots\ldots\ldots\ldots\ldots \\ \ldots\ldots\ldots\ldots\ldots\ldots\ldots\ldots\ldots\ldots \\ +(-1)^k 2^k\dfrac{2p(2p-2)(2p-4)\ldots(2p-2k+2)}{1.\quad 2.\quad 3.\ldots\ldots\ldots\ldots k} \end{array}\right\} e^{m+2k}.$$

Il ne reste plus, pour obtenir la valeur de M, qu'à substituer dans (Y) les valeurs de $2p$, et à faire ensuite $k=0, 1, 2, 3, \ldots$. C'est ce que nous ferons plus tard.

Cherchons la valeur de N. Cette intégrale n'ayant pas la même forme que la valeur (1) de M, il faut tâcher de l'y ramener, afin que les calculs précédents lui soient applicables. Or, en intégrant par parties, on a

$$\int \sin^{2p+1} u \cos^n u \sin mu\,du - \frac{1}{m}\int \sin^{2p+1} u \cos^n u\, d.\cos mu = -\frac{\sin^{2p+1}\cos^n u \cos mu}{m}$$
$$+\frac{2p+1}{m}\int \sin^{2p} u \cos^{n+1} u \cos mu\,du - \frac{n}{m}\int \sin^{2p+2} u \cos^{n-1} u \cos mu\,du.$$

On conclut de là :

$$\int_0^{\varpi} (-1)^p \sin^{2p+1} u \cos^n u \cos mu\,du = \begin{cases} \dfrac{2p+1}{m}\displaystyle\int_0^{\varpi} (-1)^p \sin^{2p} u \cos^{n+1} u \cos mu\,du \\ +\dfrac{n}{m}\displaystyle\int_0^{\varpi} (-1)^{p+1} \sin^{2(p+1)} u \cos^{n-1} u \cos mu\,du. \end{cases}$$

En posant, pour abréger,

$$\mathrm{P}=\frac{2\sqrt{1-e^2}}{m\varpi}\cdot\frac{m^{2p+1}e^{2p+n+1}}{1.2\ldots(2p+1)}\times\frac{(2p+1)}{m}\int_0^{\varpi}(-1)^p \sin^{2p} u \cos^{n+1} u \cos mu\,du,$$

$$\mathrm{Q}=\frac{2\sqrt{1-e^2}}{m\varpi}\cdot\frac{m^{2p+1}e^{2p+n+1}}{1.2\ldots(2p+1)}\cdot\frac{n}{m}\int_0^{\varpi}(-1)^{p+1} \sin^{2(p+1)} u \cos^{n-1} u \cos mu\,du,$$

on aura

$$\mathrm{N} = \mathrm{P} + \mathrm{Q}.$$

On peut mettre P et Q sous la forme

$$\mathrm{P}=\frac{2\sqrt{1-e^2}}{m\varpi}\cdot\frac{m^{2p}e^{2p+n+1}}{1.2\ldots 2p}\int_0^{\varpi}(-1)^p \sin^{2p} u \cos^{n+1} u \cos mu\,du,$$

$$\mathrm{Q}=\frac{2\sqrt{1-e^2}}{m\varpi}\cdot\frac{m^{2p+2}e^{2p+n+1}}{1.2.3\ldots(2p+1)(2p+2)}\cdot\frac{n(2p+2)}{m^2}\int_0^{\varpi}(-1)^{p+1} \sin^{2(p+1)} u \cos^{n-1} u \cos mu\,du.$$

Sous cette forme, on voit que la valeur (1) de M devient identique avec celle de P, en remplaçant n par $n+1$ dans M. Par conséquent, pour trouver la valeur de P, il faut faire la même substitution dans (Y). Mais cette expression ne contenant pas n, il s'ensuit qu'elle donnera la valeur de P en y substituant les valeurs de $2p$ déduites de l'équation $2p+n+1-2k=m$, valeurs qui sont les mêmes que celles qu'il faut y substituer pour obtenir M. Donc $\mathrm{P}=\mathrm{M}$, et, par suite, $\mathrm{C}_m = 2\mathrm{M}+\mathrm{Q}$. Il ne reste plus qu'à trouver la valeur de Q. On y parviendra facilement, en observant que la valeur (1) de M s'identifie avec Q, abstraction faite du facteur $\frac{n(2p+2)}{m^2}$, en remplaçant, dans M, p par $p+1$ et n par $n-1$.

Conséquemment, pour avoir la valeur de Q, il faut faire les mêmes substitutions dans (Y) et dans l'équation $2p+n-2k=m$.

Cette équation deviendra

$$2p+2+n-1-2k=m,$$

et l'on en déduira les valeurs suivantes.

$$\left.\begin{matrix} n=0, \\ 2p+2=m+2k+1, \end{matrix}\right\} \left.\begin{matrix} n=2, \\ 2p+2=m+2k-1, \end{matrix}\right\} \left.\begin{matrix} n=4, \\ 2p+2=m+2k-3, \end{matrix}\right\} \cdots \begin{matrix} n=m+2k-1, \\ 2p+2=2. \end{matrix}$$

Ainsi, après avoir remplacé p dans (Y) par $p+1$ ou bien $2p$ par $2p+2$, il faut y remplacer $2p+2$ par les valeurs ci-dessus, et multiplier le résultat de chaque substitution par la valeur correspondante du facteur $\frac{n(2p+2)}{m^2}$. Or, le résultat de la première substitution sera zéro à cause de $n=0$; et les valeurs suivantes de $2p+2$ étant les mêmes que celles qu'il faut substituer à $2p$ dans (Y) pour avoir la valeur de M, il s'ensuit qu'on obtiendra Q par la formule $Y\left|\frac{n(2p)}{m^2}\right|$, dans laquelle il faudra remplacer n et $2p$ par les valeurs ci-dessus de n et $2p+2$, à partir de $n=2$, $2p+2=m+2k-1$. Par conséquent, la formule de laquelle on déduira la valeur de C_m sera, d'après ce qui précède,

$$2Y+Y\left(\frac{n.2p}{m^2}\right)=Y\left(2+\frac{n.2p}{m^2}\right).$$

En observant que n doit recevoir les valeurs paires 2, 4, 6, ..., $(m+1+2k)$, on pourra remplacer n par $2n'$, pourvu qu'on donne à n' les valeurs $n'=1, 2, 3, 4, 5, \ldots, \frac{1}{2}(m+2k+1)$. De cette manière la formule ci-dessus deviendra

$$2Y\left(1+\frac{n'.2p}{m^2}\right).$$

En substituant, dans cette expression, les valeurs

$$\left.\begin{matrix} n' = 1, \\ 2p = m+2k-1, \end{matrix}\right\} \left.\begin{matrix} n' = 2, \\ 2p = m+2k-3, \end{matrix}\right\} \left.\begin{matrix} n' = 3, \\ 2p = m+2k-5, \end{matrix}\right\} \ldots \left.\begin{matrix} n' = \tfrac{1}{2}(m+2k-1), \\ 2p = 2, \end{matrix}\right\} \left.\begin{matrix} n' = \tfrac{1}{2}(m+2k+1), \\ 2p = 0, \end{matrix}\right.$$

on obtiendra la formule suivante (Z). En faisant ensuite successivement dans (Z), $k = 0, 1, 2, 3, 4, \ldots \infty$, on obtiendra la valeur de C_m. Il est essentiel d'observer que lorsque, par ces substitutions, le dénominateur de quelqu'une des fractions se réduira à zéro, il faudra prendre *l'unité* pour la valeur de cette fraction.

$$
(\mathrm{Z})\quad \frac{2\sqrt{1-e^2}}{m}\cdot\frac{1}{2^{m+2k-1}}
\left\{
\begin{array}{l}
\dfrac{(m+2k)}{1}\dfrac{(m+2k-1)\ldots(m+k+1)}{2\ldots\ldots\ldots\ldots k}\left\{
\begin{array}{l}
\left[1+\dfrac{1(m+2k-1)}{m^2}\right]\dfrac{m^{m+2k-1}}{1.2\ldots(m+2k-1)}\\
+\left[1+\dfrac{2(m+2k-3)}{m^2}\right]\dfrac{m^{m+2k-3}}{1.2\ldots(m+2k-3)}+\ldots\left[1+\dfrac{\frac{1}{2}(m+2k-1)2}{m^2}\right]\dfrac{m^2}{1.2}+1
\end{array}\right\}\\[2ex]
-2\,\dfrac{(m+2k-2)\ldots(m+k)}{1\ldots\ldots\ldots\ldots(k-1)}\left\{
\begin{array}{l}
\left[1+\dfrac{1(m+2k-1)}{m^2}\right]\dfrac{m+2k-1}{1}\,\dfrac{m^{m+2k-1}}{1.2\ldots(m+2k-1)}\\
+\left[1+\dfrac{2(m+2k-3)}{m^2}\right]\dfrac{m+2k-3}{1}\,\dfrac{m^{m+2k-3}}{1.2\ldots(m+2k-3)}+\ldots\left[1+\dfrac{\frac{1}{2}(m+2k-1)2}{m^2}\right]\dfrac{2}{1}\,\dfrac{m^2}{2}
\end{array}\right\}\\[2ex]
+2^2\,\dfrac{(m+2k-4)\ldots(m+k-1)}{1\ldots\ldots\ldots\ldots(k-2)}\left\{
\begin{array}{l}
\left[1+\dfrac{1(m+2k-1)}{m^2}\right]\dfrac{(m+2k-1)(m+2k-3)}{1.2}\,\dfrac{m^{m+2k-1}}{1.2\ldots(m+2k-1)}\\
+\left[1+\dfrac{2(m+2k-3)}{m^2}\right]\dfrac{(m+2k-3)(m+2k-5)}{1.2}\,\dfrac{m^{m+2k-3}}{1.2\ldots(m+2k-3)}\\
+\ldots\left[1+\dfrac{\frac{1}{2}(m+2k-3)4}{m^2}\right]\dfrac{4.2}{1.2}\,\dfrac{m^4}{1.2.3.4}
\end{array}\right\}\\[2ex]
\ldots\ldots\ldots\ldots\ldots\ldots\ldots\ldots\ldots\ldots\ldots\ldots\ldots\ldots\ldots\ldots\ldots\ldots\ldots\ldots\\
\ldots\ldots\ldots\ldots\ldots\ldots\ldots\ldots\ldots\ldots\ldots\ldots\ldots\ldots\ldots\ldots\ldots\ldots\ldots\ldots\\
\ldots\ldots\ldots\ldots\ldots\ldots\ldots\ldots\ldots\ldots\ldots\ldots\ldots\ldots\ldots\ldots\ldots\ldots\ldots\ldots\\
\ldots\ldots\ldots\ldots\ldots\ldots\ldots\ldots\ldots\ldots\ldots\ldots\ldots\ldots\ldots\ldots\ldots\ldots\ldots\ldots\\[2ex]
+(-1)^k 2^k\left\{
\begin{array}{l}
\left[1+\dfrac{1(m+2k-1)}{m^2}\right]\dfrac{(m+2k-1)}{1}\,\dfrac{(m+2k-3)\ldots(m+1)}{2\ldots\ldots\ldots\ldots k}\,\dfrac{m^{m+2k-1}}{1.2\ldots(m+2k-1)}\\
+\left[1+\dfrac{2(m+2k-3)}{m^2}\right]\dfrac{(m+2k-3)\ldots(m-1)}{1\ldots\ldots\ldots\ldots k}\,\dfrac{m^{m+2k-3}}{1.2\ldots(m+2k-3)}+\ldots\\
+\left[1+\dfrac{\frac{1}{2}(m+1)2k}{m^2}\right]\dfrac{2k}{1}\,\dfrac{(2k-2)\ldots2}{2\ldots\ldots k}\,\dfrac{m^{2k}}{1.2\ldots k}
\end{array}\right\}
\end{array}
\right\}e^{m+k}.
$$

Valeur de C_m, dans le cas où m est impair.

$$
\sqrt{1-e^2}\,\frac{2}{m}\left\{
\begin{array}{l}
\dfrac{1}{2^{m-1}}\left\{\begin{array}{l}\left[1+\dfrac{1(m-1)}{m^2}\right]\dfrac{m^{m-1}}{1.2\ldots m-1)}+\left[1+\dfrac{2(m-3)}{m^2}\right]\dfrac{m^{m-3}}{1.2\ldots(m-3)}\\ +\left[1+\dfrac{3(m-5)}{m^2}\right]\dfrac{m^{m-5}}{1.2\ldots(m-5)}+\ldots\left[1+\dfrac{\frac{1}{2}(m-3)4}{m^2}\right]\dfrac{m^4}{1.2.3.4}+\left[1+\dfrac{\frac{1}{2}(m-1)2}{m^2}\right]\dfrac{m^2}{1.2}+1\end{array}\right\}e^m\\[2ex]
+\dfrac{1}{2^{m+1}}\left\{\begin{array}{l}\dfrac{m+2}{1}\left\{\begin{array}{l}\left[1+\dfrac{1(m+1)}{m^2}\right]\dfrac{m^{m+1}}{1.2\ldots(m+1)}+\left[1+\dfrac{2(m-1)}{m^2}\right]\dfrac{m^{m-1}}{1.2\ldots(m-1)}\\ +\left[1+\dfrac{3(m-3)}{m^2}\right]\dfrac{m^{m-3}}{1.2\ldots(m-3)}+\ldots+\left[1+\dfrac{\frac{1}{2}(m-1)4}{m^2}\right]\dfrac{m^4}{1.2.3.4}+\left[1+\dfrac{\frac{1}{2}(m+1)2}{m^2}\right]\dfrac{m^2}{1.2}+1\end{array}\right\}\\ -2\left\{\begin{array}{l}\left[1+\dfrac{1(m+1)}{m^2}\right]\dfrac{m+1}{1}\,\dfrac{m^{m+1}}{1.2\ldots(m+1)}+\left[1+\dfrac{2(m-1)}{m^2}\right]\dfrac{m-1}{1}\,\dfrac{m^{m-1}}{1.2\ldots(m-1)}+\ldots\\ +\left[1+\dfrac{\frac{1}{2}(m-1)4}{m^2}\right]\dfrac{4}{1}\,\dfrac{m^4}{1.2.3.4}+\left[1+\dfrac{\frac{1}{2}(m+1)2}{m^2}\right]\dfrac{2}{1}\,\dfrac{m^2}{1.2}\end{array}\right\}\end{array}\right\}e^{m+2}\\[2ex]
+\dfrac{1}{2^{m+3}}\left\{\begin{array}{l}\dfrac{(m+4)(m+3)}{1.2}\left\{\begin{array}{l}\left[1+\dfrac{1(m+3)}{m^2}\right]\dfrac{m^{m+3}}{1.2\ldots(m+3)}+\left[1+\dfrac{2(m+1)}{m^2}\right]\dfrac{m^{m+1}}{1.2\ldots(m+1)}+\ldots\\ +\left[1+\dfrac{\frac{1}{2}(m+1)4}{m^2}\right]\dfrac{m^4}{1.2.3.4}+\left[1+\dfrac{\frac{1}{2}(m+3)2}{m^2}\right]\dfrac{m^2}{1.2}+1\end{array}\right\}\\ -2\,\dfrac{m+2}{1}\left\{\begin{array}{l}\left[1+\dfrac{1(m+3)}{m^2}\right]\dfrac{m+3}{1}\,\dfrac{m^{m+3}}{1.2\ldots(m+3)}+\left[1+\dfrac{2(m+1)}{m^2}\right]\dfrac{m+1}{1}\,\dfrac{m^{m+1}}{1.2\ldots(m+1)}+\ldots\\ +\left[1+\dfrac{\frac{1}{2}(m+1)4}{m^2}\right]\dfrac{4}{1}\,\dfrac{m^4}{1.2.3.4}+\left[1+\dfrac{\frac{1}{2}(m+3)2}{m^2}\right]\dfrac{2}{1}\,\dfrac{m^2}{1.2}\end{array}\right\}\\ +2^2\left\{\begin{array}{l}\left[1+\dfrac{1(m+3)}{m^2}\right]\dfrac{(m+3)(m+1)}{1.2}\,\dfrac{m^{m+3}}{1.2\ldots(m+3)}+\left[1+\dfrac{2(m+1)}{m^2}\right]\dfrac{(m+1)(m-1)}{1\;.\;2}\,\dfrac{m^{m+1}}{1.2\ldots(m+1)}+\ldots\\ +\left[1+\dfrac{\frac{1}{2}(m+1)4}{m^2}\right]\dfrac{4.2}{1.2}\,\dfrac{m^4}{1.2.3.4}\end{array}\right\}\end{array}\right\}e^{m+4}\\[2ex]
+\text{ etc.}\;\ldots\ldots\ldots\ldots\ldots\ldots\ldots\ldots\ldots\ldots
\end{array}\right\}
$$

Si m est pair, les valeurs de $2p$ qu'il faut substituer dans (Y) et qui se déduisent de l'équation $n+2p-2k=m$, sont

$$\left.\begin{matrix} n=0, \\ 2p=m+2k,\end{matrix}\right\}\left.\begin{matrix} n=2, \\ 2p=m+2k-2,\end{matrix}\right\}\cdots\left.\begin{matrix} n=m+2k-2, \\ 2p=2,\end{matrix}\right\}\begin{matrix} n=m+2k, \\ 2p=0.\end{matrix}$$

Après ces substitutions, on fera $k=0, 1, 2, \ldots, \infty$, et l'on obtiendra la valeur de M.

L'intégrale N se déduisant de la valeur (1) de M, en remplaçant dans celle-ci n par $n+1$, il s'ensuit qu'il faudra substituer dans (Y) les valeurs de $2p$ qui se tirent de l'équation $n+1+2p-2k=m$. Ces valeurs sont

$$\left.\begin{matrix} n=1, \\ 2p=m+2k-2,\end{matrix}\right\}\left.\begin{matrix} n=3, \\ 2p=m+2k-4,\end{matrix}\right\}\cdots\left.\begin{matrix} n=m+2k-3, \\ 2p=2,\end{matrix}\right\}\begin{matrix} n=m+2k-1, \\ 2p=0.\end{matrix}$$

On voit que ces valeurs de $2p$ sont, à l'exception de la première, les mêmes qu'il faut substituer dans (Y) pour avoir la valeur de M. Par suite, la valeur de M + N s'obtiendra en multipliant par 2 tous les termes de M, à l'exception du premier.

L'intégrale Q s'identifiant, abstraction faite du facteur $(2p+2)\frac{n}{m^2}$, avec la valeur (1) de M, en remplaçant, dans celle-ci, $2p$ par $2p+2$, et n par $n-1$, il s'ensuit qu'il faudra substituer, dans (Y), $2p+2$ à la place de $2p$, et déduire les valeurs de n et $2p$ de l'équation $2p+n-2k=m$, après y avoir fait les substitutions de $2p+2$ et $n-1$ à la place de $2p$ et n, ce qui donnera

$$2p+2+n-1-2k=m.$$

On tire de là

$$\left.\begin{matrix} n=1, \\ 2p+2=m+2k,\end{matrix}\right\}\left.\begin{matrix} n=3, \\ 2p+2=m+2k-2,\end{matrix}\right\}\cdots\begin{matrix} n=m+2k-1, \\ 2p+2=2.\end{matrix}$$

Ces valeurs de $2p+2$ étant les mêmes que les valeurs de $2p$ qui doivent être substituées dans (Y) pour en déduire M, il s'ensuit que la somme des intégrales M + Q peut se déduire de l'expression $Y\left(1+\frac{n.2p}{m^2}\right)$, en donnant à n les valeurs 1, 3, 5, 7,..., en même temps que $2p$ recevra les valeurs $m+2k$, $m+2k-2$,..., 0.

En multipliant par 2 tous les termes de (Y) résultant de ces substitutions, à l'exception du premier, on formera la formule suivante (U) de laquelle on déduira la valeur de C_m, en y faisant successivement $k = 0, 1, 2, 3, \ldots, \infty$.

Lorsqu'on fera usage des formules qui donnent la valeur de C_m, il faudra, après avoir donné à m une valeur particulière, multiplier le résultat de cette substitution par $\sqrt{1-e^2}$, ou bien par

$$1-\frac{1}{2}e^2-\frac{1}{8}e^4-\frac{1}{16}e^6-\ldots\ldots$$

$$
(1)\quad \frac{\sqrt{1-e^2}}{m}\,\frac{1}{2^{m+k}}\left\{
\begin{aligned}
&\frac{(m+2k)(m+2k-1)\ldots(m+k+1)}{1\cdot 2\ldots\ldots k}\left\{
\begin{aligned}
&\left[1+\frac{1(m+2k)}{m^2}\right]\frac{m^{m+2k}}{1.2\ldots(m+2k)}\\
&+\left[2+\frac{3(m+2k-2)}{m^2}\right]\frac{m^{m+2k-2}}{1.2\ldots(m+2k-2)}+\ldots\\
&+\left[2+\frac{(m+2k-1)2}{m^2}\right]\frac{m^2}{1.2}+2
\end{aligned}\right\}\\
&-2\,\frac{(m+2k-2)\ldots(m+k)}{1\ldots\ldots(k-1)}\left\{
\begin{aligned}
&\left[1+\frac{1(m+2k)}{m^2}\right]\frac{(m+2k)}{1}\,\frac{m^{m+2k}}{1.2\ldots(m+2k)}\\
&+\left[2+\frac{3(m+2k-2)}{m^2}\right]\frac{m+2k-2}{1}\,\frac{m^{m+2k-2}}{1.2\ldots(m+2k-2)}+\ldots\\
&+\left[2+\frac{(m+2k-1)2}{m^2}\right]\frac{2}{1}\,\frac{m^2}{1.2}
\end{aligned}\right\}\\
&+2^2\,\frac{(m+2k-4)\ldots(m+k-1)}{1\ldots\ldots\ldots(k-2)}\left\{
\begin{aligned}
&\left[1+\frac{1(m+2k)}{m^2}\right]\frac{(m+2k)(m+2k-2)}{1.2}\,\frac{m^{m+2k}}{1.2\ldots(m+2k)}\\
&+\left[2+\frac{3(m+2k-2)}{m^2}\right]\frac{(m+2k-2)(m+2k-4)}{1.2}\,\frac{m^{m+2k-2}}{1.2\ldots(m+2k-2)}+\ldots\\
&+\left[2+\frac{(m+2k-3)4}{m^2}\right]\frac{4.2}{1.2}\,\frac{m^4}{1.2.3.4}
\end{aligned}\right\}\\
&\ldots\ldots\ldots\ldots\ldots\ldots\ldots\ldots\ldots\ldots\ldots\ldots\ldots\ldots\\
&\ldots\ldots\ldots\ldots\ldots\ldots\ldots\ldots\ldots\ldots\ldots\ldots\ldots\ldots\\
&+(-1)^k 2^k\left\{
\begin{aligned}
&\left[1+\frac{1(m+2k)}{m^2}\right]\frac{(m+2k)}{1}\,\frac{(m+2k-2)\ldots(m+2)}{2\ldots\ldots k}\,\frac{m^{m+2k}}{1.2\ldots(m+2k)}\\
&+\left[2+\frac{3(m+2k-2)}{m^2}\right]\frac{(m+2k-2)\ldots m}{1\ldots\ldots\ldots k}\,\frac{m^{m+2k-2}}{1.2\ldots(m+2k-2)}+\ldots\\
&+\left[2+\frac{(m+2)2k}{m^2}\right]\frac{2k(2k-2)\ldots 2}{1.2\ldots k}\,\frac{m^{2k}}{1\ldots 2k}
\end{aligned}\right\}
\end{aligned}
\right\}e^{m+2k}.
$$

Valeur de C_m, dans le cas où m est pair.

$$
\sqrt{1-e^2}\,\frac{1}{m}\left\{
\begin{array}{l}
\frac{1}{2^{m-1}}\left\{\begin{array}{l}\left(1+\frac{1.m}{m^2}\right)\frac{m^m}{1.2\ldots m}+\left[2+\frac{3(m-2)}{m^2}\right]\frac{m^{m-2}}{1.2\ldots(m-2)}\\
+\left[2+\frac{5(m-4)}{m^2}\right]\frac{m^{m-4}}{1.2\ldots(m-4)}+\ldots+\left[2+\frac{(m-1)2}{m^2}\right]\frac{m^2}{1.2}+2\end{array}\right\}e^m\\[2ex]
+\frac{1}{2^{m+1}}\left\{\begin{array}{l}
\frac{(m+2)}{1}\left\{\begin{array}{l}\left[1+\frac{1.(m+2)}{m^2}\right]\frac{m^{m+2}}{1.2\ldots(m+2)}+\left[2+\frac{3(m)}{m^2}\right]\frac{m^m}{1.2\ldots m}+\ldots\\
+\left[2+\frac{(m-1)4}{m^2}\right]\frac{m^4}{1.2.3.4}+\left[2+\frac{(m+1)2}{m^2}\right]\frac{m^2}{1.2}+2\end{array}\right\}\\
-2\left\{\begin{array}{l}\left[1+\frac{1.(m+2)}{m^2}\right]\frac{(m+2)}{1}\frac{m^{m+2}}{1.2\ldots(m+2)}+\left[2+\frac{3(m)}{m^2}\right]\frac{m}{1}\frac{m^m}{1.2\ldots m}\\
+\left[2+\frac{5(m-2)}{m^2}\right]\frac{(m-2)}{1}\frac{m^{m-2}}{1.2\ldots(m-2)}+\ldots+\left[2+\frac{(m+1)2}{m^2}\right]\frac{2}{1}\cdot\frac{m^2}{1.2}\end{array}\right\}
\end{array}\right\}e^{m+2}\\[2ex]
+\frac{1}{2^{m+1}}\left\{\begin{array}{l}
\frac{(m+4)(m+3)}{1\quad 2}\left\{\begin{array}{l}\left[1+\frac{1.(m+4)}{m^2}\right]\frac{m^{m+4}}{1.2\ldots(m+4)}+\left[2+\frac{3(m+2)}{m^2}\right]\frac{m^{m+2}}{1.2\ldots(m+2)}+\ldots\\
+\left[2+\frac{(m+1)4}{m^2}\right]\frac{m^4}{1.2.3.4}+\left[2+\frac{(m+3)4}{m^2}\right]\frac{m^2}{1.2}+2\end{array}\right\}\\
-2\frac{m+2}{1}\left\{\begin{array}{l}\left[1+\frac{1.(m+4)}{m^2}\right]\frac{m+4}{1}\frac{m^{m+4}}{1.2\ldots(m+4)}+\left[2+\frac{3(m+2)}{m^2}\right]\frac{(m+2)}{1}\frac{m^{m+2}}{1.2\ldots(m+2)}+\ldots\\
+\left[2+\frac{(m+1)4}{m^2}\right]\frac{4}{1}\frac{m^4}{1.2.3.4}+\left[2+\frac{(m+3)2}{m^2}\right]\frac{2}{1}\frac{m^2}{1.2}\end{array}\right\}\\
+2^2\left\{\begin{array}{l}\left[1+\frac{1.(m+4)}{m^2}\right]\frac{(m+4)(m+2)}{1.\quad 2}\frac{m^{m+4}}{1.2\ldots(m+4)}\\
+\left[2+\frac{3(m+2)}{m^2}\right]\frac{(m+2)m}{1.2}\frac{m^{m+2}}{1.2\ldots(m+2)}+\ldots+\left[2+\frac{(m+1)4}{m^2}\right]\frac{4.2}{1.2}\frac{m^4}{1.2.3.4}\end{array}\right\}
\end{array}\right\}e^{m+4},\\
+\text{etc.}\ \ldots\ldots\ldots\ldots\ldots\ldots\ldots\ldots
\end{array}\right.
$$

En supposant, dans la première valeur de C_m, $m = 1, 3, 5, 7, 9 \ldots$, puis dans la seconde, $m = 2, 4, 6, 8, \ldots$, on trouvera autant de termes qu'on voudra de l'équation du centre ; c'est ainsi que nous avons obtenu, en nous bornant à la cinquième puissance de e.

$$\theta - z = \left\{ \begin{array}{l} + \left(2e - \frac{1}{2^2}e^3 + \frac{5}{2^5.3}e^5\right) \sin z \\ + \left(\frac{5}{2^2}e^2 - \frac{11}{2^3.3}e^4 + \frac{17}{2^6.3}e^6\right) \sin 2z \\ + \left(\frac{13}{2^2.3}e^3 - \frac{46}{2^6}e^5\right) \sin 3z \\ + \left(\frac{103}{2^5.3}e^4 - \frac{451}{2^5.3.5}e^6\right) \sin 4z \\ + \left(\frac{1097}{2^6.3.5}e^5\right) \sin 5z \\ + \left(\frac{1223}{2^6.3.5}e^6\right) \sin 6z. \end{array} \right.$$

6° *Détermination des coordonnées héliocentriques d'une planète.*

VII. Il ne nous reste plus actuellement qu'à rapporter la position de la planete au plan de l'*écliptique*, ou à déterminer sa *longitude*, sa *latitude* et la *projection de son rayon vecteur* sur ce plan ; ces trois coordonnées fixent le lieu *héliocentrique* de l'astre que l'on considère.

Soient ψ la longitude, φ la latitude qu'il s'agit de déterminer, γ l'inclinaison de l'orbite ; α la *longitude du nœud* comptée comme ψ à partir de la droite menée du centre du Soleil au premier point d'*Ariès* ; soit enfin ω la longitude du périhélie comptée depuis la ligne des nœuds, de sorte que $\theta + \omega$ soit l'*argument de la latitude*.

Détermination de la longitude. — L'angle $\theta + \omega$ a pour projection $\psi - \alpha$. Imaginons un triangle sphérique rectangle ayant pour hypoténuse l'arc $\theta + \omega$, et pour côtés de l'angle droit $\psi - \alpha$ et φ ; l'angle opposé à la latitude φ sera l'inclinaison γ ; on aura donc

$$\tang(\psi - \alpha) = \cos \gamma \tang(\theta + \omega).$$

En comparant cette équation à la troisième des équations (a), savoir

$$\tang \tfrac{1}{2}\theta = \sqrt{\frac{1+e}{1-e}} \tang \tfrac{1}{2}u,$$

on pourra développer ψ en γ et θ. Il suffit, pour cela, de prendre la série qui a été trouvée dans le paragraphe précédent,

$$\theta = u + 2\left(E \sin u + E^2 \frac{\sin 2u}{2} + E^3 \frac{\sin 3u}{3} + E^4 \frac{\sin 4u}{4} + \ldots\right),$$

et d'y remplacer θ par $2(\psi - \alpha)$, u par $2(\theta + \omega)$, $\sqrt{\frac{1+e}{1-e}}$ par $\cos\gamma$, et $E = \frac{\sqrt{\frac{1+e}{1-e}} - 1}{\sqrt{\frac{1+e}{1-e}} + 1}$ par $\frac{\cos\gamma - 1}{\cos\gamma + 1}$ ou par $-\tang^2 \tfrac{1}{2}\gamma$. De cette manière on obtient

$$\psi - \alpha = \theta + \omega - \tang^2 \frac{\gamma}{2} \sin 2(\theta + \omega) + \tang^4 \frac{\gamma}{2} \frac{\sin 4(\theta + \omega)}{2}$$
$$- \tang^6 \frac{\gamma}{2} \frac{\sin 6(\theta + \omega)}{3} + \ldots.$$

VIII. Pour déterminer la latitude, on considérera le triangle sphérique rectangle qui a servi dans le problème précédent. Ce triangle donne

$$\tang \varphi = \tang \gamma \sin(\psi - \alpha);$$

remplaçant $\tang \varphi$, $\sin(\psi - \alpha)$ par leurs valeurs en exponentielles imaginaires, on obtient

$$\frac{c^{\varphi\sqrt{-1}} - c^{-\varphi\sqrt{-1}}}{c^{\varphi\sqrt{-1}} + c^{-\varphi\sqrt{-1}}} = \frac{c^{(\psi-\alpha)\sqrt{-1}} - c^{-(\psi-\alpha)\sqrt{-1}}}{2} \tang \gamma;$$

ou bien, en divisant haut et bas dans le premier membre par $c^{-\varphi\sqrt{-1}}$,

$$\frac{c^{2\varphi\sqrt{-1}} - 1}{c^{2\varphi\sqrt{-1}} + 1} = \frac{c^{(\psi-\alpha)\sqrt{-1}} - c^{-(\psi-\alpha)\sqrt{-1}}}{2} \tang \gamma;$$

d'où l'on tire

$$e^{2\varphi\sqrt{-1}} = \frac{1+\frac{1}{2}\left[e^{(\psi-\alpha)\sqrt{-1}}-e^{-(\psi-\alpha)\sqrt{-1}}\right]\operatorname{tang}\gamma}{1-\frac{1}{2}\left[e^{(\psi-\alpha)\sqrt{-1}}-e^{-(\psi-\alpha)\sqrt{-1}}\right]\operatorname{tang}\gamma}$$

Prenant les logarithmes des deux membres, divisant par $2\sqrt{-1}$, on obtient

$$\varphi = \left[e^{(\psi-\alpha)\sqrt{-1}}-e^{-(\psi-\alpha)\sqrt{-1}}\right]\frac{\operatorname{tang}\gamma}{2\sqrt{-1}}$$
$$+\left[e^{(\psi-\alpha)\sqrt{-1}}-e^{-(\psi-\alpha)\sqrt{-1}}\right]^3\frac{\operatorname{tang}^3\gamma}{3.8\sqrt{-1}}$$
$$+\left[e^{(\psi-\alpha)\sqrt{-1}}-e^{-(\psi-\alpha)\sqrt{-1}}\right]^5\frac{\operatorname{tang}^5\gamma}{5.32\sqrt{-1}}+\ldots,$$

ou, en développant,

$$\varphi=\left[e^{(\psi-\alpha)\sqrt{-1}}-e^{-(\psi-\alpha)\sqrt{-1}}\right]\frac{\operatorname{tang}\gamma}{2\sqrt{-1}}$$
$$+\left[e^{3(\psi-\alpha)\sqrt{-1}}-3e^{(\psi-\alpha)\sqrt{-1}}+3e^{-(\psi-\alpha)\sqrt{-1}}-e^{-5(\psi-\alpha)\sqrt{-1}}\right]\frac{\operatorname{tang}^3\gamma}{3.8\sqrt{-1}}$$
$$+\left[\begin{array}{l} e^{5(\psi-\alpha)\sqrt{-1}}-5e^{5(\psi-\alpha)\sqrt{-1}}+10e^{(\psi-\alpha)\sqrt{-1}} \\ -10e^{-(\psi-\alpha)\sqrt{-1}}+5e^{-(\psi-\alpha)\sqrt{-1}}-e^{-5(\psi-\alpha)\sqrt{-1}} \end{array}\right]\frac{\operatorname{tang}^5\gamma}{5.32\sqrt{-1}}+\ldots$$

Remettant maintenant pour les exponentielles imaginaires leurs valeurs en sinus, il vient finalement :

$$\varphi = \sin(\psi-\alpha)\operatorname{tang}\gamma + [\sin 3(\psi-\alpha) - 3\sin(\psi-\alpha)]\frac{\operatorname{tang}^3\gamma}{3.\ 4}$$
$$+[\sin 5(\psi-\alpha) - 5\sin 3(\psi-\alpha) + 10\sin(\psi-\alpha)]\frac{\operatorname{tang}^5\gamma}{5.\ 16}+\cdots.$$

IX. Passons à la détermination de la projection du rayon vecteur.

La projection r' du rayon vecteur a pour valeur $r\cos\varphi$, et comme

$\cos \varphi = (1 + \tang^2 \varphi)^{-\frac{1}{2}}$, on aura

$$r' = r\left(1 - \frac{1}{2}\tang^2\varphi + \frac{3}{8}\tang^4\varphi - \frac{15}{16}\tang^6\varphi + \frac{35}{64}\tang^8\varphi + \ldots\right).$$

On a trouvé toutes les coordonnées au moyen desquelles on pourra connaître à chaque instant la position d'une planète dans l'espace, en ne tenant pas compte des forces perturbatrices. Voyons l'emploi de ces coordonnées.

La série qui donne la valeur de ψ, c'est-à-dire de la longitude, est exprimée en θ; or, on a établi une série qui donne θ en t; conséquemment, à une époque quelconque on pourra avoir la valeur de θ, et par suite celle de ψ.

La latitude, c'est-à-dire l'angle φ, est exprimée en ψ au moyen d'une série; on pourra donc à chaque instant connaître la latitude.

La projection r' du rayon vecteur est exprimée en φ et en r; or, à chaque instant on peut connaître φ; de plus on a la valeur de r en t: on peut donc avoir aussi le rayon vecteur r, et par suite r'.

II. *Détermination des coordonnées géocentriques.*

X. Connaissant la projection r' du rayon vecteur, ainsi que les angles ψ et φ, c'est-à-dire la longitude et la latitude héliocentriques, il ne s'agit plus que de trouver les trois coordonnées $r_{,}$, ψ', φ', c'est-à-dire la projection du rayon vecteur de la planète, ligne dont l'origine est au centre de la terre, la longitude et la latitude géocentriques.

En ayant recours à une figure, on trouvera facilement les formules suivantes :

$$r_{,} = \frac{\sin \beta}{\sin \varepsilon} r', \quad \psi' = \odot - \varepsilon, \quad \tang \varphi' = \tang \varphi \frac{\sin \varepsilon}{\sin \beta};$$

β est la *commutation* ou l'angle formé par la droite qui joint le centre de la Terre et du Soleil avec la projection r' ; ε est l'*élongation* ou l'angle que la projection r' forme avec cette même droite unissant le Soleil et la Terre. On désigne d'ailleurs par $\odot$ la longitude du Soleil.

Les angles β, ε qui entrent dans ces valeurs, sont déterminés par ces équations :

$$\beta = \varphi - 180^\circ + \odot, \quad \text{tang}\,\varepsilon = \frac{r' \sin\beta}{\delta - r' \cos\beta},$$

δ représentant la distance du Soleil à la Terre.

La dernière formule devient, en posant $\frac{r' \sin\beta}{\delta} = \text{tang}\,\rho$,

$$\text{tang}\,\varepsilon = \frac{\sin\rho \sin\beta}{\sin(\beta - \varepsilon)}.$$

PROGRAMME

DE LA

THÈSE D'ASTRONOMIE.

A. Équations du mouvement d'une planète dans le plan de son orbite, déduites des deux premières lois de Képler.

B. Détermination de la grandeur et de la direction de la vitesse d'une planète à une époque quelconque.

C. Détermination des lois de la force qui agit sur chaque planète.

D. Solution du problème de Képler au moyen d'une série ordonnée suivant les sinus des multiples croissants de l'anomalie moyenne. Terme général des coefficients exprimé en fonction d'une indéterminée m et de l'excentricité e.

E. Développement du rayon vecteur en une série ordonnée suivant les cosinus linéaires des multiples croissants de l'anomalie moyenne. — Terme général des coefficients exprimé en m et e.

F. Développement de l'équation du centre en une série ordonnée suivant les sinus linéaires des multiples croissants de l'anomalie moyenne. Terme général des coefficients, exprimé en m et e.

G. Détermination des coordonnées héliocentriques d'une planète.

H. Détermination des coordonnées géocentriques.

Vu et approuvé,

Le 11 Août 1845.

LE DOYEN DE LA FACULTÉ DES SCIENCES,

DUMAS.

Permis d'imprimer,

L'INSPECTEUR GÉNÉRAL DES ÉTUDES,

chargé de l'administration de l'Académie de Paris,

ROUSSELLE.

PROGRAMME
DE LA
THÈSE DE MÉCANIQUE.

Sur la trajectoire des planètes et des comètes dans un milieu résistant.

A. Ire PARTIE. — MÉTHODE D'EXPOSITION.

I. Introduction et position de la question qui fait l'objet de cette Thèse.

II. Détermination des équations différentielles du mouvement relatif des planètes et des comètes autour du Soleil supposé fixe dans l'espace absolu, en ayant égard à la gravitation de l'astre sur le Soleil et à une force tangentielle provenant de la résistance du milieu. Nous désignons ces deux équations par (a). — Moyen d'en déduire les équations différentielles (b) du mouvement elliptique qui est supposé avoir lieu dans le vide. — Transformation de ces dernières en coordonnées polaires, ce qui donne lieu aux équations désignées par (c).

III. Modifications à apporter dans les équations du mouvement elliptique, savoir :

$$(A)\quad \left\{\begin{aligned} r &= a(1 - e\cos u),\\ nt &= u - e\sin u,\\ \tan\tfrac{1}{2}v &= \sqrt{\tfrac{1+e}{1-e}}\tan\tfrac{1}{2}u, \end{aligned}\right.$$

pour qu'elles soient les intégrales complètes des équations (c). — Interprétation géométrique des quatre constantes. — Nouvelle position de l'axe polaire. — Définition des angles connus en astronomie sous les dénominations suivantes : anomalie vraie, anomalie moyenne, longitude vraie, longitude moyenne, longitude du périhélie. — Les équations (A) modifiées sont désignées par (d).

IV. Détermination des équations linéaires et du premier ordre qui donnent les valeurs des inconnues da, de, $d\varepsilon$, $d\omega$. Comment on ramène à la *méthode des quadratures* la détermination des quantités $a, e, \varepsilon, \omega$.

V. Comment, à l'aide de la méthode des approximations successives, on peut obtenir, avec tel degré d'exactitude qu'on voudra, les valeurs des inconnues a, e, ε, ω. La trajectoire dans un milieu résistant est la courbe *enveloppe* de toutes les ellipses constantes représentées par les équations (A), lorsqu'on attribue au temps des valeurs successives.

B. 2ᵉ PARTIE. — EXÉCUTION DES CALCULS PRÉSENTÉS DANS LA 1ʳᵉ PARTIE.

VI. Transformation de la seconde des équations (d), de telle sorte que la différentielle du moyen mouvement soit la même, qu'il s'agisse du mouvement elliptique ou du mouvement altéré par la résistance du milieu. — Détermination du temps des révolutions périodiques accomplies par la planète autour du Soleil.

VII. Détermination de quatre nouvelles équations différentielles, au moyen desquelles on pourra obtenir les valeurs des quantités da, de, $d\varepsilon$, $d\omega$. — Nous désignons ces équations par (e).

VIII. Transformation des équations (e) en d'autres (h), donnant immédiatement les valeurs des différentielles da, de, $d\varepsilon$, $d\omega$.

IX. Afin de préciser la question, nous nous bornerons à examiner deux cas : le premier où l'excentricité est très-petite, et le second où l'excentricité est quelconque et la densité du milieu réciproquement proportionnelle au carré de la distance au Soleil.

1ᵉʳ CAS, *lorsque l'excentricité est très-petite.*

Examen et discussion des valeurs des quantités a, e, ε, ω obtenues par l'intégration des équations (h) dans le cas qui nous occupe. — Insister principalement sur la diminution du grand axe. — Examen de la variation qu'a subie la vitesse moyenne angulaire, et plus généralement la vitesse absolue. — Forme de la trajectoire décrite autour du Soleil par le centre de gravité de la planète.

X. Examen du cas particulier où la planète décrirait une orbite circulaire autour du centre du Soleil.

C. 3ᵉ PARTIE. — 2ᵉ CAS, *lorsque l'excentricité est quelconque et la densité de l'éther réciproquement proportionnelle au carré de la distance au Soleil.*

XI. Transformation des équations (*h*) en quatre autres (*f*) exprimant la nouvelle hypothèse dans laquelle l'astre est supposé se mouvoir autour du Soleil. — L'excentricité de la planète étant quelconque, ce cas comprend celui des comètes à orbes elliptiques. — Comment, dans l'intégration des deux premières des équations différentielles (*f*), on est conduit à l'emploi des fonctions elliptiques de première et de seconde espèce. — Utilité, dans cette circonstance, des Tables calculées par Legendre pour obtenir les valeurs des intégrales elliptiques. — Définition de ce que l'on nomme l'*amplitude*, le *module*, etc.

XII. Conclusions à tirer en distinguant le cas des planètes de celui des comètes. — Opinion des astronomes à l'égard de l'influence de l'éther sur la marche des comètes. — Extrait du *Compte rendu de l'Académie des Sciences* sur le travail de M. Encke, à l'égard de la comète de 1 200 jours.

Vu et approuvé,

Le 11 Août 1845.

LE DOYEN DE LA FACULTÉ DES SCIENCES,

DUMAS.

Permis d'imprimer,

L'INSPECTEUR GÉNÉRAL DES ÉTUDES,

chargé de l'administration de l'Académie de Paris,

ROUSSELLE.

www.ingramcontent.com/pod-product-compliance
Lightning Source LLC
Chambersburg PA
CBHW050538210326
41520CB00012B/2629